Konstruktion und Berechnung

von

Selbstanlassern.

Konstruktion und Berechnung

von

Selbstanlassern

für

elektrische Aufzüge mit Druckknopfsteuerung.

Von

Dipl. Ing. Dr. Hugo Mosler,

Privatdozent an der Techn. Hochschule zu Braunschweig.

Mit 56 in den Text gedruckten Figuren.

Springer-Verlag Berlin Heidelberg GmbH

1904

ISBN 978-3-642-90127-0   ISBN 978-3-642-91984-8 (eBook)
DOI 10.1007/978-3-642-91984-8
Softcover reprint of the hardcover 1st edition 1904

Vorwort.

Die vorliegende Abhandlung soll eingehender die für elektrische Aufzugsanlagen so wichtigen Anlassapparate behandeln, speziell deren Berechnung und Konstruktion bei Druckknopfsteuerung, deren allgemeinere Einführung heute auch das Interesse weiterer Kreise erregt.

Für die mir mit grösster Bereitwilligkeit zur Verfügung gestellten Abbildungen der bewährtesten Ausführungen spreche ich allen Firmen, die mich hierin unterstützt haben, meinen verbindlichsten Dank aus.

Braunschweig, im Januar 1904.

Dr. phil. Hugo Mosler,
Dipl. Jng.

Inhalt.

Einleitung.

Die rastlose Entwicklung der Elektrotechnik hat auf alle Transportmittel einen ausserordentlich belebenden Einfluss ausgeübt. Speziell das rasche Emporblühen der Fahrstuhlindustrie ist eine unmittelbare Folge der Einführung des elektrischen Betriebes.

An Stelle der hydraulischen Aufzüge, die früher allgemein das Feld behaupteten, sind heute die elektrischen Fahrstuhlanlagen getreten, die den ersteren in jeder Beziehung überlegen sind, und bei denen in hervorragendem Maſse die Eigenschaft des Elektromotors günstig zutage tritt, den Stromverbrauch selbsttätig der geleisteten Arbeit entsprechend zu regulieren, während beim hydraulischen Betriebe der Wasser- und der Arbeitsverbrauch annähernd der gleiche ist, ob die Maximallast oder der leere Fahrkorb zu fördern ist.

Dieser grosse Vorzug der Elektrizität zeigte sich bereits bei dem ersten in Europa ausgeführten direkten elektrischen Aufzuge in dem Aussichtsturm der Frankfurter Ausstellung 1891.

Welche Fortschritte sind im Fahrstuhlbau seit dieser Zeit in den letzten 12 Jahren gemacht worden! Aufzüge, die täglich tausend Fahrten und mehr zurücklegen, sind durchaus keine Seltenheit mehr; in New-York wurden in den letzten Jahren bekanntlich mehr Personen senkrecht in Fahrstühlen, wie wagerecht mit Strassenbahnen befördert, und in den vornehmen Vierteln der Grossstädte wirkt es heute geradezu befremdend, wenn ein Haus keinen Aufzug besitzt.

In neuester Zeit hat zur allgemeineren Einführung von Fahrstühlen die sogenannte Druckknopfsteuerung infolge ihrer ausserordentlich einfachen Bedienung nicht unwesentlich beigetragen. Die älteren bisher üblichen Steuerungen, nämlich die Seil- und Radsteuerung, erfordern bekanntlich einen besonderen Führer, der durch Ziehen oder Drehen des Handrades je nach der gewünschten Fahrtrichtung die Stromwendung und -Schliessung bewirkt und gleichzeitig hiermit den Anlasser betätigt, welcher automatisch seinerseits die Widerstandsstufen ausschaltet.

Ist der Fahrkorb in dem betreffenden Stockwerke angelangt, so bewirkt der Fahrstuhlführer durch entgegengesetzte Bewegung des Seiles oder Rades wie beim Anfahren die Stromunterbrechung und das gleichzeitige Vorschalten der Widerstände sowie das Anhalten des Aufzuges.

Die gewisse Schwerfälligkeit in der Bedienung, welche diesen Steuerungen anhaftet, speziell dass stets ein besonderer Führer erforderlich ist, beseitigt die Druckknopfsteuerung vollkommen, indem die Bewegung des Förderkorbes durch Druck auf einen der im Innern der Kabine oder aussen an den Schachtzugängen angebrachten Kontaktknöpfe mit Hilfe elektromagnetisch betriebener Steuerapparate veranlasst wird. Ebenso geschieht das Abstellen jener Apparate selbsttätig, wenn der Aufzug diejenige Etage erreicht hat, deren Druckknopf die Einleitung der Fahrt betätigte.

Der Vorteil der Druckknopfsteuerung liegt in ihrer ausserordentlich einfachen Bedienung, so dass, wie bereits erwähnt, ein besonderer Führer gespart werden kann, demnach jeder, der den Fahrstuhl benutzen will, selbst nach der gewünschten Etage durch einfaches Drücken des betreffenden Kontaktknopfes fahren kann.

Für das sichere Funktionieren jeder Steuerung, gleichgültig, ob Hand- oder elektrische, ist die Konstruktion des Anlassers von der weitgehendsten Bedeutung. In ganz besonderem Mafse trifft dies bei Druckknopfsteuerung zu, wo das Aus- und Einschalten der Anlasswiderstände vollkommen automatisch geschehen muss.

Es sollen daher im folgenden die verschiedenen Gesichtspunkte, welche bei der Konstruktion von Anlassern für Aufzugsmotore mit selbsttätiger Steuerung massgebend sind, eingehender behandelt werden.

Wahl des Motors bei Druckknopfsteuerung.

Entsprechend den zwei allgemein verbreiteten Stromarten, dem Gleich- und Drehstrom, wird man bei Aufzugsbetrieben mit Motoren für beide Arten der Energieübertragung zu rechnen haben. Durch die Druckknopfsteuerung ist bedingt, dass der Fahrkorb selbsttätig an der gewünschten Stelle hält, und sind nur sehr geringe Grenzen in den Einfahrtshöhen zwischen Maximalbelastung und leerer Fahrt zugelassen, Differenzen, die im Maximum nicht über 30 mm betragen sollen.

Diese Anforderung bedingt, dass der Motor mit konstanter Tourenzahl bei leerer Fahrt wie bei Maximalbelastung laufen muss. Aus diesem Grunde scheidet der Hauptstrommotor, dessen Tourenzahl bekanntlich eine Funktion seiner Belastung ist, bei Verwendung von Druckknopfsteuerung von vornherein aus. Es kommt demnach bei Gleichstrom allein der Nebenschlussmotor zur Anwendung, dessen Tourenzahl bei Leerlauf und Vollbelastung um höchstens ca. 4—5 $^0/_0$ schwankt.

Der Compoundmotor ändert seine Tourenzahl bei Belastungsschwankungen auch nur in geringem Grade; er wird aber wegen der komplizierteren Schaltung und wegen seines höheren Anschaffungspreises seltener angewendet. Man benutzt daher lediglich den Nebenschlussmotor, den man in neuester Zeit, um ein grösseres Drehmoment beim Anfahren zu erzielen, mit einer Hauptstrom-Hilfswickelung versieht. Letztere wird während der Fahrt selbsttätig abgeschaltet, so dass der Motor als reiner Nebenschlussmotor weiterläuft und hierdurch die Konstanz der Tourenzahl zwischen Maximalbelastung und Leerlauf gesichert bleibt. Am Schlusse der Betrachtungen wird hierauf noch näher eingegangen werden.

Ausserdem besitzen die Nebenschlussmotore noch die weitere wertvolle Eigenschaft, dass sie bei Aufzugsanlagen gleichzeitig zur Bremsung benutzt werden können.

Es wird hierbei der Anker des Motors vom Netz abgeschaltet, während die Magnete ihre Erregung beibehalten, so dass die Maschine auf einen Bremswiderstand als Dynamo arbeiten kann. Der Aufzug kommt hierdurch fast momentan zum Stehen, da die in demselben vorhandene lebendige Kraft in elektrische Energie umgesetzt wird; ausserdem wird hierdurch die Wirkung der nebenbei noch vorhandenen mechanischen Bremse wesentlich unterstützt.

Von den Wechselstrommotoren kommt für Aufzüge mit Knopfsteuerung fast allein nur der Drehstrommotor in Betracht, da die asynchronen Einphasenmotore, welche mit Hilfsphase anlaufen, einen derartig hohen Anlaufsstrom brauchen, dass ihre Verwendung nur vereinzelt ist. Die Drehstrommotore haben ausserdem, wie die Nebenschlussmotore, den grossen Vorteil, dass sie automatisch bei Leerlauf und Maximalbelastung im hohen Grade die Tourenzahl konstant halten, ferner übertreffen sie noch dieselben, was die Anzugsbedingungen beim Anlaufen anbelangt.

Die Induktionsmotore selber kann man nach der Art des Anlassens in solche mit Kurzschluss- und Phasenanker einteilen. Am geeignetsten für Druckknopfsteuerung wären an und für sich die Motore mit Kurzschlussanker, da hierbei naturgemäss der ganze Anlasswiderstand fortfällt.

Ein grosser Nachteil, der jedes weitere Anwendungsgebiet von vornherein verschliesst, liegt aber in ihrem hohen Anlaufsstrom, so dass nach den Bestimmungen der meisten Elektrizitätswerke bei einem Kraftbedarf über PS. nur Motore mit Phasenanker angeschlossen werden dürfen. Demnach empfehlen sich für Aufzüge mit Knopfsteuerung zur rationellen Verwendung ausschliesslich Nebenschluss- und Drehstromotore.

Theorie der Anlasser.

Würde ein stillstehender Motor ohne vorgeschalteten Widerstand direkt an die Netzspannung angeschlossen, so entstände ein
Kurzschluss, welcher ein Verbrennen der Ankerwickelung zur Folge
hätte, da infolge des geringen Widerstandes dieser Kurzschlussstrom ausserordentlich hoch werden kann. Es lassen sich demnach
nur sehr kleine Motore bis ca.
$1/_2$ PS., deren Ankerwiderstand
auf Kosten des Wirkungsgrades
unverhältnismässig gross ist,
ohne weiteres bei Inbetrieb-
setzung an das Leitungsnetz
anlegen.

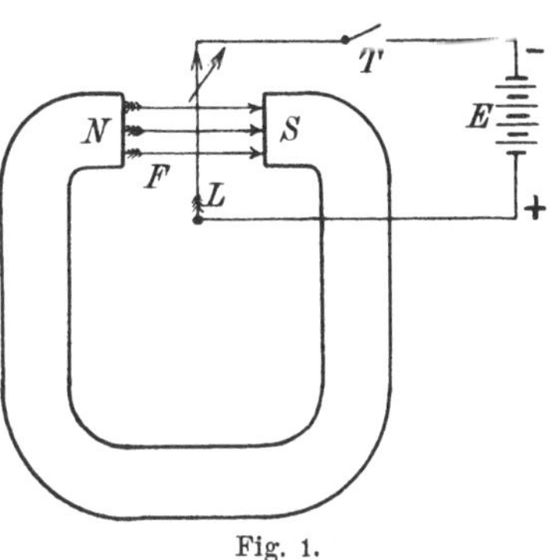

Fig. 1.

Der Grund, weshalb in
einem stillstehenden Anker jener Kurzschlussstrom auftritt,
beruht bekanntlich in dem Feh-
len der elektromotorischen Gegenkraft.

Es liege zunächst ein elektrisches Feld F vor (Fig. 1), in
welchem die Kraftlinien in der Richtung von N. nach S. strömen
mögen. L sei ein stromdurchflossener Leiter, welcher sich an eine
Batterie von der Spannung E anlegen und senkrecht zur Bildebene
bewegen lässt.

Wird der Batteriestrom bei T geschlossen, so erfährt der
Leiter L einen Bewegungsantrieb, der senkrecht zu den Kraftlinien
erfolgt und dessen Richtung sich nach der bekannten FLEMMINGschen
Regel bestimmen lässt.

Bildet man nämlich aus dem Daumen, Zeige- und Mittelfinger
der linken Hand ein rechtwinkeliges Koordinatensystem, so gibt
die Richtung des Daumens die Bewegungsrichtung, wenn der Zeige-

finger in der Richtung der Kraftlinien und der Mittelfinger mit derjenigen des Stromes zusammenfällt.

In unserem Falle würde der Leiter also aus der Zeichen-Ebene in Richtung des Pfeiles nach hinten bewegt werden. Hierbei werden aber Kraftlinien geschnitten, wodurch eine neue elektromotorische Kraft erzeugt wird, welche der an der Batterie herrschenden entgegengerichtet ist. Die Richtung der gegenelektromotorischen Kraft lässt sich in derselben einfachen Weise wie früher bestimmen, wenn man die angegebene Regel jetzt auf die rechte Hand anwendet, da hierbei Strom erzeugt, der Motor also zum Generator wird.

Im Falle, dass Leiter L sich in Ruhe befindet, ist die Stromstärke

$$J = E : W,$$

wobei E die Batteriespannung und W der Widerstand des Leiters ist. Bewegt sich nun L unter Einfluss des magnetischen Feldes, so erhalten wir eine gegenelektromotorische Kraft e, und da W konstant bleibt, ergibt sich für den Fall der Bewegung

$$i = \frac{E - e}{W}.$$

Im zweiten Falle ist also die Stromstärke kleiner geworden.

Die gegenelektromotorische Kraft e ist eine Funktion der Geschwindigkeit, sie wird um so grösser, je schneller sich der Leiter im magnetischen Felde bewegt. Dieselbe Betrachtung, die hier für einen einzelnen Draht aufgestellt wurde, lässt sich analog auf den Anker eines Motors übertragen, es wirken nur hier eine Anzahl von hintereinander geschalteten Drähten, deren elektromotorische Gegenkräfte sich addieren. Bei einem stillstehenden Anker beträgt auch hier

$$J = \frac{E}{W_a},$$

wobei E die Klemmenspannung und W_a den Ankerwiderstand bezeichnet. Rotiert der Anker, so sinkt die Stromstärke und es wird dieselbe

$$i = \frac{E - e}{W_a},$$

wobei wieder e die elektromotorische Gegenkraft bedeutet. Bei einem ideellen leerlaufenden Motor, der also keine Verluste besitzen soll, würde $e = E$ werden, mithin der Leerlaufstrom gleich Null sein.

Hieraus folgt unmittelbar, dass vor den ruhenden Anker Widerstände zu legen sind, welche so lange ausgeschaltet werden müssen, bis der Motor mit der Stromstärke J anläuft. Die Tourenzahl steigt und wird nach kurzer Zeit konstant werden, wobei der Strom J sinkt, um bei entsprechender elektromotorischer Gegenkraft den Wert i anzunehmen. Es wird dann ein neuer Widerstand ausgeschaltet, demzufolge der Strom zunächst anwächst und wieder auf den Wert i sinkt, sobald die Tourenzahl und hiermit auch e zugenommen hat.

In dieser Weise wird man während der ganzen Anlassperiode fortzufahren haben, bis der Motor seine normale Tourenzahl erreicht, und somit der ganze Anlasswiderstand ausgeschaltet ist.

Ähnlich liegen die Verhältnisse bei Drehstrommotoren. Wie wir bereits gesehen haben, dürfen wegen des hohen Anlaufsstromes Motore mit Kurzschlussanker über 2 PS. nicht mehr benutzt werden.

Wird die Statorwickelung eines grösseren Motors mit kurzgeschlossenem Anker direkt an das Netz gelegt, so hätten wir dieselben Vorgänge wie in einem Transformator, dessen sekundäre Wickelung, welche hier durch den Läuferstromkreis gebildet wird, kurz geschlossen würde. Es entsteht in diesem Falle ein hoher Strom, der die Veranlassung zum Durchschmelzen der Sicherungen gibt. Man kann nun zwei Wege einschlagen, um diesem Übelstande abzuhelfen. Man bildet entweder den Anker als Kurzschlussanker aus und schaltet die Anlasswiderstände in den Statorkreis, eine Einrichtung, die jedoch wegen des geringen Anzugsmomentes sehr unrationell ist und bei Aufzugsbetrieben nicht zur Verwendung kommt, oder man legt die Anlasswiderstände, wie heute allgemein üblich, in den Läuferstromkreis.

Der Anker wird dann als sogenannter Phasenanker ausgebildet, der eine Wickelung in Sternschaltung erhält und deren Enden zu den drei Schleifringen geführt werden.

Beim Einschalten der Ständerwickelung und bei stillstehendem Anker ist der gesamte Anlasswiderstand eingeschaltet, so dass der sekundär entstehende Strom gewisse Grenzen nicht überschreiten kann.

Mit zunehmender Rotationsgeschwindigkeit des Läufers wächst auch hier die gegenelektromotorische Kraft, und wie bei Gleichstrom werden jetzt die einzelnen Widerstandsstufen der betreffenden Tourenzahl entsprechend ausgeschaltet, bis der Anker kurz geschlossen werden kann.

Die sonst so bewährten Konstruktionen des Stufenankers der A. E.-G., sowie der Gegenschaltung von Siemens & Halske,[1] welche besondere äussere Widerstände bekanntlich vermeiden, sind bei Aufzügen mit Knopfsteuerung nicht zu verwenden, da das Erfordernis des automatischen Einschaltens sich hierbei nur schwer konstruktiv lösen lässt.

---

[1] ETZ. XV, No. 47. Görges, Über das Anlassen der Elektromotore, speziell der Drehstrommotore.

Berechnung des Anlaufswiderstandes.

Die Grösse des gesamten Anlasswiderstandes wird bedingt durch die erforderliche Anlaufsstromstärke, welche ihrerseits von dem aufzuwendenden Drehmoment anhängt.

Bezeichnet J den Ankerstrom und F die Feldstärke, so ist das Drehmoment

$$D = C \cdot F \cdot J,$$

wobei C eine der betreffenden Motorentype entsprechende Konstante ist. Da beim Nebenschlussmotor die Feldstärke F, von der Anker-rückwirkung abgesehen, konstant ist, so ist demnach das Drehmoment dem Ankerstrome direkt proportional, was in übertragener Bedeutung auch für Drehstrommotore gilt.

Im Aufzugsbau, wie allgemein bei Hebezeugen, werden an die Motore ungewöhnlich hohe Anforderungen in bezug auf das Anzugsmoment gestellt, da bei Fahrstühlen besonders die hohen Reibungsmomente eine grosse Rolle spielen, welche auftreten, sobald sich der Aufzug in Bewegung setzt, und eine beträchtliche Höhe annehmen infolge des Herauspressens des Schmiermaterials aus den zahlreichen Lagern und Gleitflächen.

Ausserdem sind die grossen Massen des Fahrkorbes, der Nutzlast, sowie des Gegengewichtes zu beschleunigen.

Die Verwendung von Gegengewichten, die bei Personenaufzügen in der Regel gleich Korbgewicht plus der halben maximalen Nutzlast gewählt werden, hat speziell den Zweck, eine Ausgleichung von Korb- und Lastgewicht zu erzielen, so dass infolgedessen kleinere Motorentypen sich verwenden lassen. Ferner wird der Stromverbrauch auf beide Fahrtrichtungen gleichmässiger verteilt, wodurch die ganze Anlage wirtschaftlicher wird.

Allerdings tritt hierbei nicht nur bei Auffahrt mit maximaler Last, sondern auch bei leerer Abfahrt für den Motor die grösste Beanspruchung auf, weil in dem letzten Falle das Gegengewicht zu heben ist.

Liegen z. B. Fälle vor, wo speziell Lasten zum grössten Teil nur aufwärts transportiert werden, dagegen der Fahrkorb häufig leer abfährt, der Motor unter Umständen Hunderte von Malen während der Arbeitszeit das maximale Drehmoment entwickeln muss, so erkennt man hieraus, welchen grossen Beanspruchungen Motor und Anlasser gewachsen sein müssen.

Die Praxis lehrt, dass zum Anfahren eines Aufzugsmotors das 2,5fache normale Drehmoment geleistet werden muss; nur bei besonders gut montierten Anlagen und dann erst, wenn nach längerer Zeit der Aufzug gut eingelaufen ist, die Reibungswiderstände sich also bedeutend verringert haben, sinkt das Anzugsmoment auf den zweifachen Wert des normalen herab.

Es muss also demnach stets bei der Berechnung von Anlassern für Aufzugsmotore als Anlaufsstrom dem 2,5fachen Drehmoment entsprechend der 2,5fache normale Betriebsstrom gewählt werden.

Ist z. B. ein Motor mit 7,5 PS. bei 220 V. ausgenutzt, so würde bei 84 $^0/_0$ Wirkungsgrad der Betriebsstrom rund 30 A. betragen, der Anlaufsstrom demnach $2,5 \cdot 30 = 75$ A. sein müssen.

Besitzt der Anker inkl. der in seinem Stromkreise zur Betätigung der Steuerung erforderlichen Elektromagnete einen Widerstand von 0,5 Ω, so muss der Anlaufswiderstand $W = \dfrac{220}{75} = 2{,}94 \ \Omega$ betragen.

Abzüglich jener 0,5 Ω berechnet sich der Anlasswiderstand zu 2,44 Ω.

Bei Drehstrom gestaltet sich die Berechnung des erforderlichen Anlaufswiderstandes nicht so einfach, sie bietet jedoch keine grossen Schwierigkeiten, sobald die normale Schlüpfung, die normale Leistung und die Schleifringspannung des Motors bekannt sind.

Allerdings führt die bekannte graphische Methode von HEYLAND[1]) auch zum Ziele, wenn man den Kurzschluss- und Leerlaufsstrom, sowie cos . φ jener Leistungen und die Läuferspannung kennt. Es erfordert jedoch jene Anordnung immer einige Zeit, da sie längere Versuche bedingt. Deshalb wird es empfehlenswerter sein, aus Leistung, Schlüpfung und Schleifringspannung den Anlaufswiderstand zu berechnen, der sich nach folgender einfacher Überlegung ergibt.

Bezeichnet man mit P die Schleifringspannung, mit i den Strom, welcher bei normaler Belastung im Rotor fliesst, mit Ψ den

---

[1]) HEYLAND, Experimentelle Untersuchungen an Induktionsmotoren.

Schlüpfungs-Koeffizienten, welcher bei der normalen Schlüpfung von $5\,^0/_0 = 0,95$ wird, und endlich mit N die normale Leistung im PS., so ist die pro Phase aufgewandte Energiemenge $= \dfrac{i \cdot P \cdot \Psi}{\sqrt{3}} \cdot$ [1]

In den drei Phasen des Rotors ist demnach die aufgenommene Leistung $= \dfrac{3 \cdot i \cdot P \cdot \Psi}{\sqrt{3}}$, welcher Betrag der geleisteten Arbeit von $N \cdot 736$ Watt entsprechen muss.

Es wird also

$$N \cdot 736 = \frac{3 \cdot i \cdot P \cdot \Psi}{\sqrt{3}} \cdot$$

Aus dieser Beziehung lässt sich der dem normalen Drehmomente entsprechende normale Rotorstrom berechnen zu

$$i = \frac{N \cdot 736 \cdot \sqrt{3}}{\Psi \cdot 3 \cdot P} \cdot$$

Da auch hier wieder der Motor beim Anfahren das 2,5 fache normale Drehmoment liefern soll und bekanntlich bei Drehstrommotoren das Drehmoment dem Rotorstrom direkt proportional ist, so müssen wir den Anlasswiderstand derartig wählen, dass bei einer Phasenspannung von $\dfrac{P}{\sqrt{3}}$ ein Strom von $2,5\,i$ entstehen kann.

Es berechnet sich demnach der gesamte Widerstand zu

$$W = \frac{P}{\sqrt{3} \cdot 2,5 \cdot i},$$

oder den Wert für i eingesetzt:

$$W = \frac{P \cdot 3 \cdot P \cdot \Psi}{\sqrt{3} \cdot \sqrt{3} \cdot 2,5 \cdot N \cdot 736}$$

oder

$$W = \frac{P^2 \cdot \Psi}{N \cdot 2,5 \cdot 736} \cdot$$

Der im Anlasser unterzubringende Widerstand ist dann gleich $W - R_a$, wobei R_a den Rotorwiderstand bedeutet, der sich entweder experimentell oder rechnerisch aus der normalen Schlüpfung ermitteln lässt.

Der Verlust durch Stromwärme beträgt nämlich pro Rotorphase bei normalem Betriebsstrome $i^2 \cdot R_a$, in den drei Phasen zusammen demnach $3 \cdot i^2 \cdot R_a$.

---

[1] Wenn von Hysterisis- und Wirbelstromverlusten abgesehen wird, welche bei der praktischen Berechnung zu vernachlässigen sind.

Besitzt jetzt der Motor unter normaler Belastung eine Schlüpfung von $\sigma = 5\,^0/_0$, so gehen bekanntlich $5\,^0/_0$ der Leistung als JOULEsche Wärme verloren, es wird also

$$3 \cdot i^2 \cdot R_a = 0{,}05 \cdot N \cdot 736$$

oder

$$R_a = \frac{N \cdot 736 \cdot \sigma}{3 \cdot i^2}.$$

Infolge der die Stromstösse dämpfenden gegenelektromotorischen Kraft der Selbstinduktion kommt man bekanntlich bei Drehstromanlassern mit weniger Stufen aus als bei Gleichstrom, speziell kann der Läuferwiderstand wegen der Selbstinduktion etwas grösser gewählt werden, als ihn die Berechnung aus der Schlüpfung ergibt. Es wurde daher von Herrn Dipl.-Ing. KLEIN, ehemaligem Chefkonstrukteur der Kummerwerke, vorgeschlagen, den Läuferwiderstand nach folgenden Beziehungen zu wählen:

Bei Motoren bis 5 PS. . . . . $R_a = 0{,}08 \cdot W'$

„   „   „ 10 „   . . . $R_a = 0{,}06 \cdot W'$

„   „   „ 30 „   . . . $R_a = 0{,}05 \cdot W'$.

Hierbei bedeutet W' den dem normalen Drehmomente entsprechenden Widerstand, der sich berechnet zu $W' = \dfrac{P}{i_{norm} \cdot \sqrt{3}}$. Diese Werte des „scheinbaren" Läuferwiderstandes sollen sich nach Angaben des Herrn KLEIN-Dresden sowohl bei Kummer-Motoren, als auch bei ganz fremden Fabrikaten recht gut bewährt und brauchbare Resultate geliefert haben.

Im allgemeinen wird nichts dagegen einzuwenden sein, wenn der aus der Schlüpfung berechnete Rotorwiderstand eingesetzt wird, und sind hiermit überall gleichfalls zufriedenstellende Resultate erzielt worden. Im übrigen erklären sich die Abweichungen dadurch, dass man infolge der die Stromstösse dämpfenden Wirkung der Selbstinduktion bei Drehstrom nicht so peinlich die Widerstandsstufen wie bei Gleichstrom zu bestimmen braucht. Mir sind Drehstromanlasser bekannt, deren Widerstände mehr nach „Gefühl" als nach Rechnung abgestuft waren und demnach von den theoretischen Werten ziemliche Abweichungen zeigten, die aber trotzdem jahrelang zu voller Zufriedenheit dauernd im Betriebe sind.

Berechnung der Stufenzahl.

Nehmen wir zunächst der Einfachheit halber den allgemeinen Fall an, dass ein Anlasser für einen gewöhnlichen Motor zu berechnen wäre, bei dem das Anlassen so lange dauern darf, bis sich im Anker die jeder Widerstandsstufe und seiner Tourenzahl entsprechende gegenelektromotorische Kraft gebildet hat.

Steht zunächst die Kurbel des Anlassers Fig. 2 auf dem Kontakt 1, so ist der gesamte Anlasswiderstand $= W = x_1 + x_2 + x_3 + \ldots + x_n$ vorgeschaltet, und es möge hierbei der Motor mit dem Strome J anlaufen, wobei

$$J = \frac{E}{W + W_a} \quad \cdots \cdots \cdots \quad (1)$$

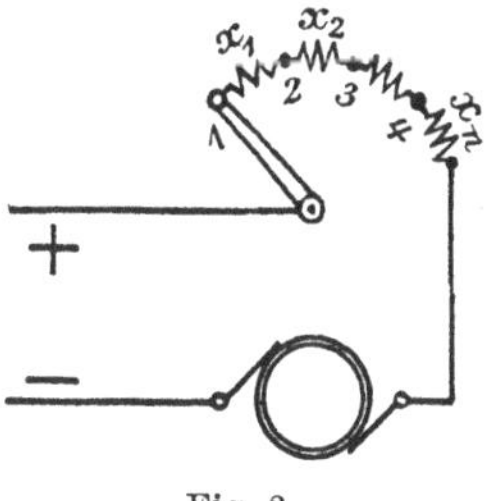

Fig. 2.

Der rotierende Anker wird nach kurzer Zeit eine konstante Geschwindigkeit annehmen, die der elektromotorischen Gegenkraft e entsprechen möge.

Die Stromstärke ist dann auf den normalen Betrag i gesunken, der sich berechnet zu

$$i = \frac{E - e}{W + W_a} \quad \cdots \cdots \cdots \quad (2)$$

Wird jetzt die Kurbel des Anlassers auf den Kontakt 2 gestellt, so ist zunächst, da die Geschwindigkeit des Ankers im ersten Augenblick noch dieselbe ist, auch die elektromotorische Gegenkraft die gleiche geblieben. Die abgeschaltete Widerstandsstufe soll aber so bemessen sein, dass der beim Abschalten derselben auftretende Stromstoss höchstens den Anlaufsstrom J erreichen darf.

Es ist also demnach

$$J = \frac{E - e}{W + W_a - x_1} \quad \cdots \cdots \cdots \quad (3)$$

Durch Division der Gleichungen (3) und (2) ergibt sich

$$\frac{J}{i} = \frac{W + W_a}{W + W_a - x_1} = K.$$

Hat sich nach einiger Zeit die Tourenzahl des Motors auf die jenem neuen geringeren Widerstand entsprechende erhöht, und ist die elektromotorische Gegenkraft auf e_1 gewachsen, so wird die Stromstärke auf den Betrag i

$$i = \frac{E - e_1}{W + w_a - x_1} \quad \text{sinken} \quad . \quad . \quad . \quad . \quad (4)$$

Stellen wir die Kurbel auf Kontakt 3, so soll die Stromstärke wieder auf J ansteigen, sobald x_2 abgeschaltet wird; e_1 ist auch hier für den Augenblick des Einschaltens konstant, und es wird

$$J = \frac{E - e_1}{W + w_a - x_1 - x_2} \quad . \quad . \quad . \quad . \quad . \quad (5)$$

Durch Division von (5) und (4) ergibt sich

$$\frac{J}{i} = \frac{W + w_a - x_1}{W + w_a - x_1 - x_2} = K.$$

Besitzt der Anlasser einschliesslich des Kurzschlusskontaktes n Stufen, also $n - 1$ Anlasswiderstände, so erhalten wir $n - 1$ Gleichungen für $\frac{J}{i} = K$. Durch Multiplikation[1]) derselben folgt

$$(K)^{n-1} = \frac{W + w_a}{W + w_a - (x_1 + x_2 + x_3 + \ldots x_n)}.$$

Da nun $x_1 + x_2 + x_3 + \ldots x_n = W$ ist, so folgt hieraus

$$K^{n-1} = \frac{W + w_a}{w_a + W - W}$$

oder es wird

$$K^{n-1} = \frac{W + w_a}{w_a},$$

mithin berechnet sich die Stufenzahl n zu

$$n = \frac{\log (W + w_a) - \log w_a}{\log K} + 1.$$

Da auch bei Drehstrommotoren die sich mit wachsender Tourenzahl steigernde elektromotorische Gegenkraft den Rotorstrom bestimmt, so lässt sich die für den Nebenschlussmotor soeben gegebene Entwicklung in betreff der Tourenzahl ohne weiteres auf Drehstrommotore übertragen. Es wird auch hier wieder das Verhältnis

$$\left(\frac{J_{max}}{J_{min}}\right)^{n-1} = K^{n-1} = \frac{W + R_a}{R_a}$$

sein, woraus sich die Anzahl der Widerstandsstufen pro Phase einschliesslich des Kurzschlusses berechnet zu

---

[1]) Vergl. KRAUSE, Anlasser. Hier bedeutet n die Anzahl der Widerstände, so dass $n + 1$ Stufen einschliesslich des Kurzschlusses vorhanden sind.

$$n = \frac{\log (W + R_a) - \log R_a}{\log K} + 1.$$

Soll die Widerstandsabschaltung in jeder Phase symmetrisch erfolgen, so sind im ganzen $3\,n$ Kontakte einschliesslich des Kurzschlusskontaktes erforderlich, wodurch die Herstellungskosten inkl. der vielen Leitungen und Abzweigungen sich gegenüber Gleichstromanlassern erhöhen.

Es wird daher mit Vorliebe das von KAHLENBERG angegebene, der Firma SIEMENS & HALSKE patentierte unsymmetrische Abschalten der Stufen angewendet, wobei beträchtlich an Kontakten und Leitungen gespart wird.

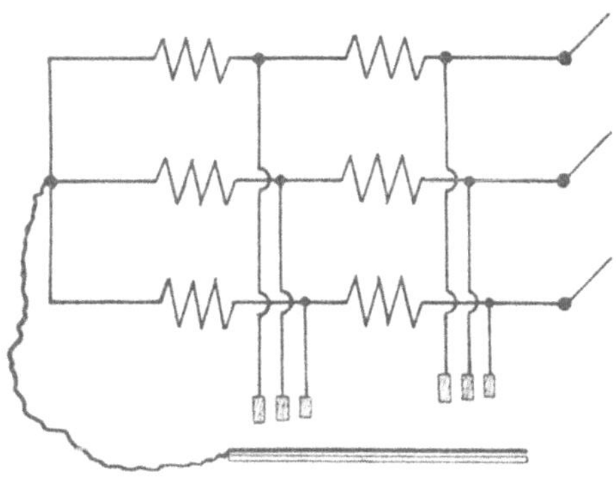

Fig. 3.

Die Figuren zeigen einen siebenstufigen Anlasser für KAHLENBERG- (Fig. 3) und gewöhnliche Schaltung (Fig. 4) (die Kontaktstange, welche sich beim Einschalten vorbewegt, legt sich der Reihe nach von links nach rechts an die federnd konstruierten Gegenkontakte an), bei denen sich die erwähnten Vorteile zur Genüge erkennen lassen.

Bei der KAHLENBERG - Schaltung ist noch ganz be

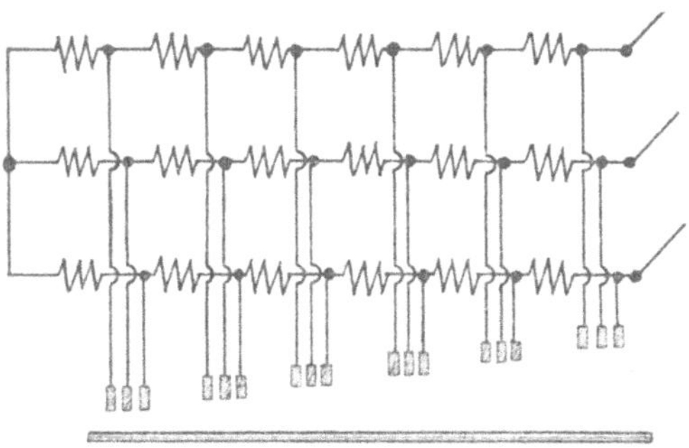

Fig. 4.

sonders hervorzuheben, dass durch den Verzicht[1]) auf symmetrische Abschaltung der Widerstandsstufen weder Störungen im Motor noch im Netz hervorgerufen werden, es fallen hingegen bei den unsymme

---

[1]) ERNST, Hebezeuge II.

trischen Abschaltungen die Stromschwankungen erheblich kleiner aus, als bei dem sonst üblichen gleichzeitigen Abschalten der Widerstände in den 3 Phasen.

Mehrere Firmen, welche die KAHLENBERG-Schaltung ausführen, benutzen zur Berechnung der Stufenzahl pro Phase folgende empirische Formel:

$$2,5 = \sqrt[m+1]{\frac{1}{1,25} \cdot \frac{100}{p}}$$

und

$$p = \frac{100 \cdot i \cdot R_a}{P},$$

worin m die Anzahl der Widerstände pro Phase und p den Spannungsabfall im Anker in Prozenten der Gesamtspannung bedeutet. Hierbei ist P die Schleifringspannung, i der normale Rotorstrom und R_a der Läuferwiderstand.

Bei ca. 50 % aller Fahrten wird der Motor aber eine geringere als die maximale Leistung zu entwickeln haben, so dass er bei einem geringeren Drehmoment anlaufen wird. Es empfiehlt sich daher, vor die so berechneten Anlassstufen noch sogenannte Vorstufen anzubringen, die derartig zu dimensionieren sind, dass der Anker von Vorstufe zu Vorstufe ungefähr gleiche Stromzunahme erhält.

In der Regel wählt man bei Gleich- und Drehstrommotoren von 1 PS. aufwärts bis 5 PS. eine Vorstufe und 2—3 Vorstufen bei grösseren Motoren.

Sollen z. B. zwei derartige Stufen eingebaut werden, so werden die Widerstände derselben so zu bemessen sein, dass sie einschliesslich des Anlasswiderstandes auf den ersten Kontakt dem Anker einen Strom von $^1/_3\ J_{max}$, auf dem zweiten Kontakt $^2/_3\ J_{max}$ zuführen, wenn auf dem dritten Kontakt der Aufzug sich mit dem Strome J_{max} in Bewegung setzt.

Gleichzeitig sprechen für diese Anordnung noch Rücksichten auf das Leitungsnetz mit, bezw. bei eigener Zentrale auf die Maschinenstation, welche bedingen, dass der Strom, zumal bei gleichzeitigem Lichtbetrieb, allmählich auf die erforderliche Höhe anwächst.

Ferner ist diese Methode noch wegen ihrer Vorteile für die Fabrikation sehr beliebt, da hierdurch der ganze Anlasser anpassungsfähiger wird, er sich noch ebensogut für einen etwas kleineren wie grösseren Motor verwenden lässt, so dass man bei zweckentsprechender Einteilung der Vorstufen mit einer geringeren Zahl von Anlassertypen auskommen kann.

Wahl des Verhältnisses $\frac{J_{max}}{J_{min}} = K$ während der Anlaufsperiode.

Bei Aufzugsmotoren, speziell bei denjenigen mit elektrischer Druckknopfsteuerung, will man vor allem ein sofortiges Anlaufen des Motors erreichen; es wird daher die Anlassdauer möglichst zu verkürzen sein, damit der Motor schneller auf seine normale Tourenzahl kommt. Es können sich also unter diesen Bedingungen die den betreffenden Tourenzahlen entsprechenden elektromotorischen Gegenkräfte nicht einstellen, weshalb auch der Strom nicht auf seinen normalen Betrag während des Anlassens sinken kann, wie es der Fall wäre, wenn man die Anlasszeit entsprechend verlängerte. Demnach wird der erste Stromstoss

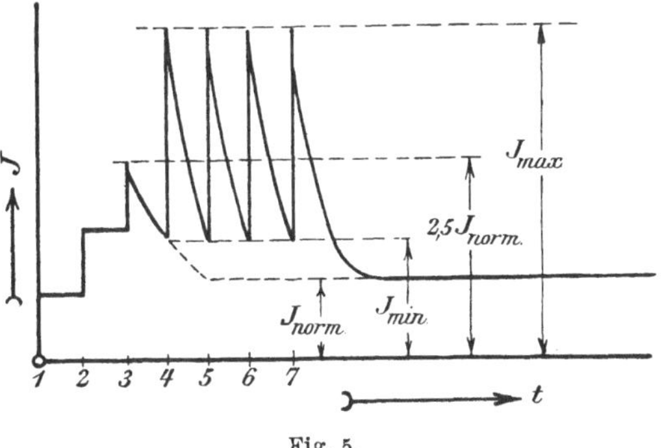

Fig. 5.

wegen der verkürzten Anlassperiode, zumal noch der hohe Beschleunigungsstrom fliesst, nicht bis auf J_{norm} gesunken sein, und die nachfolgenden Stromstösse J_{max} werden, wie Fig. 5 zeigt, den Betrag des Anlaufsstromes von $2,5\ J_{norm}$ wesentlich überschreiten.

In diesem Falle würde die Netzspannung durch die wechselnden grossen Stromschwankungen sehr ungünstig beeinflusst, ausserdem der Motor zu stark belastet werden.

Es ist daher das rationellste, das Verhältnis von $\frac{J_{max}}{J_{min}} = K$ während der Anlaufsperiode so zu wählen, dass die folgenden Stromstösse die Höhe des Anlaufsstromes gerade erreichen; es muss dann bei der reduzierten Anlassdauer K naturgemäss bedeutend kleiner als $2,5 \cdot J_{norm}$ sein.

Da die Beschleunigungs- und Reibungswiderstände mit zunehmender Tourenzahl abnehmen, so wird die Stromkurve bei einem Anlasser mit zeitlich konstanter Einschaltung das Bild der Fig. 6 ergeben, wobei die dem Anlaufskontakt folgenden ersten Stromstösse ungefähr den der Beschleunigungs- und Reibungsarbeit entsprechenden hohen Betrag von $2{,}5\,J_{norm}$ erreichen, während die folgenden Stromspitzen niedriger werden, da das zusätzliche Drehmoment der Reibung allmählich abnimmt und prozentual immer mehr Arbeit für die Beschleunigung selbst benutzt wird.

Will man bewirken, dass die dem Kurzschlusskontakt vorhergehenden Stromstösse den 2,5 fachen Betrag von J_{norm} erreichen sollen, so muss das Anlassen gegen den Kurzschluss schneller erfolgen, was sich durch eine entsprechend konstruierte Dämpfungsvorrichtung erreichen liesse, oder es könnte der Widerstand der letzten Stufen ein etwas geringerer sein, wie es die theoretische Ableitung erfordert.

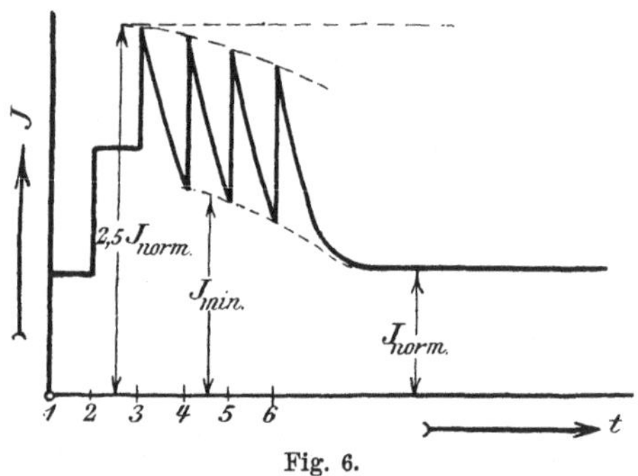

Fig. 6.

Im allgemeinen wird man aber bei allen automatischen Anlassern für Aufzüge das in Fig. 6 dargestellte Bild der Anlaufsperiode erhalten, da die Einschaltgeschwindigkeit konstant ist und eine abweichende Widerstandsanordnung in oben angedeuteter Weise in der Regel nicht ausgeführt wird.

Was nun die Grösse der Konstanten K, des Verhältnisses von $\dfrac{J_{max}}{J_{min}}$, betrifft, so kann dieselbe für Selbstanlasser lediglich aus Versuchen bestimmt werden.

Ein Mittelwert, der sich in der Praxis gleich gut für Dreh- und Gleichstromanlasser bewährt hat, ist $K = 1{,}5$; im allgemeinen empfiehlt es sich, K zwischen 1,4 und 1,6 zu wählen.

Übrigens ist es zweckmässig, die an jedem Anlasskontakte auftretende maximale Spannung $= J_{max}.W$ zu kontrollieren, und sind die Werte hierfür, um das schädliche Funken der Kohlen zu vermeiden, möglichst unter 25 bis 30 Volt zu halten.

Berechnung eines Gleichstromanlassers für einen 7,5 PS.-Motor.

Nach früheren Ausführungen sind wir jetzt imstande, die Berechnung eines Anlassers für das gewählte Beispiel durchzuführen.

Wählen wir die Konstante K zu 1,5, so berechnet sich nach der auf S. 14 angegebenen Formel

$$n = \frac{\log (W + w_a) - \log w_a}{\log K} + 1$$

oder

$$n = \frac{\log 2,94\,^1) - \log 0,5}{\log 1,5} + 1.$$

Hieraus ergibt sich die Anzahl der Stufen einschliesslich des Kurzschlusskontaktes zu

$$n = 5,4,$$

welcher Betrag auf $n = 5$ erniedrigt werden soll. Eine Kontrollrechnung für die Grösse der Stromschwankungen K liefert dann $K = 1,55$, ein Wert, der vollkommen zulässig ist.

Nach den Ausführungen von GÖRGES[2]) ist der Anlasswiderstand nach einer geometrischen Reihe abzustufen. Wir haben demnach zwischen dem Ankerwiderstande von 0,5 Ω bis zum Anlasswiderstande von 2,94 Ω eine viergliederige geometrische Reihe zu interpolieren. Es lässt sich dies sehr einfach mit Hilfe eines Rechenschiebers ausführen. Man hat hierbei nur die Strecke von 0,5 bis 2,94 auf der Skala desselben mittelst eines Zirkels in vier gleiche Teile zu zerlegen. Die Teilpunkte geben dann direkt die Widerstände an jeder Kontaktstufe an.

Bei unserem Beispiel für den 7,5 PS.-Gleichstromanlasser erhält man dann folgende Widerstandsbeträge:

---

[1]) Der Anlaufswiderstand wurde bereits auf S. 10 zu 2,94 Ω für einen 7,5 PS.-Motor bei 220 V. Netzspannung berechnet, ebenso ist der Ankerwiderstand w_a inkl. der mit ihm in Serie liegenden Bremslüftungsmagneten zu 0,5 Ω angenommen.

[2]) GÖRGES, ETZ. XV, No. 47.

An dem I. Kontakt 2,94 Ω
„ „ II. „ 1,89 „
„ „ III. „ 1,21 „
„ „ IV. „ 0,78 „
„ „ V. „ 0,5 „.

Es sind dann in jeder Stufe des Anlassers folgende Widerstände unterzubringen, welche sich durch Subtraktion aus den oben erwähnten ergeben:

Stufe V. Kurzschluss . . . . 0,00 Ω
„ IV. „ . . . . 0,28 „
„ III. „ . . . . 0,43 „
„ II. „ . . . . 0,68 „
„ I. „ . . . . 1,05 „
2,44 Ω.

Einschliesslich des Ankerwiderstandes von 0,5 Ω beträgt dann der gesamte Widerstand des Anlassers 2,94 Ω, eine Grösse, die mit dem früher berechneten, zur Erzielung des 2,5 fachen Drehmomentes erforderlichen Betrage übereinstimmt.

Aus den bereits angeführten Gründen ist es empfehlenswert, vor dem so bestimmten Widerstand noch Vorstufen anzubringen, von denen wir zwei wählen wollen, die auf gleiche Stromzunahme dimensioniert werden.

Vorstufe I wird so bemessen, dass der Strom 75 : 3 = 25 A. beträgt, Stufe II derartig, dass ein Strom von 2 . 75 : 3 = 50 A. entstehen kann.

Die erforderlichen Widerstände betragen dann für

Vorstufe I . . . . 8,80 Ω
„ II . . . . 4,40 „.

Abzüglich des Anlaufswiderstandes von 2,94 Ω ergeben sich für

Vorstufe I . . . . 5,86 Ω
„ II . . . . 1,46 „.

Die absoluten, in jeder Vorstufe einzubauenden Widerstände berechnen sich bei

Vorstufe II . . . . 1,46 Ω
„ I . . . . 4,40 „.

Der ganze Widerstand des Anlassers einschliesslich der Vorstufen beträgt dann 2,94 Ω + 1,46 Ω + 4,40 Ω = 8,80 Ω, so dass beim Einschalten nur ein Strom von 25 A. entstehen kann.

Berechnung des Anlasswiderstandes für einen 7 PS.-Drehstrommotor.

Die Schleifringspannung des Motors betrage 120 Volt; bei normaler Belastung besitze derselbe eine Schlüpfung von $4\,^0/_0$.

Nach früheren Ausführungen berechnet sich dann der normale Rotorstrom zu:

$$i_{norm} = \frac{N \cdot 736 \cdot \sqrt{3}}{3 \cdot P \cdot \varPsi},$$

wobei $\qquad N = 7,\ P = 120$ V. und $\varPsi = 0{,}96$

bei $4\,^0/_0$ Schlüpfung zu setzen ist. Es wird dann:

$$i_{norm} = \frac{7 \cdot 736 \cdot 1{,}73}{3 \cdot 120 \cdot 0{,}96} = 25{,}8 \text{ A.}$$

J_{max}, entsprechend dem 2,5 fachen Drehmoment, beträgt dann:

$$J_{max} = 2{,}5 \cdot i_{norm} = \sim 65 \text{ A.}$$

Demnach berechnet sich der Anlaufswiderstand

$$W = \frac{120}{\sqrt{3 \cdot 65}} = 1{,}07 \ \varOmega.$$

Für den Rotorwiderstand ergibt sich bei $4\,^0/_0$ Schlüpfung:

$$R_a = \frac{0{,}04 \cdot N \cdot 736}{3 \cdot i_{norm}^2};$$

$$R_a = 0{,}103 \ \varOmega.$$

Unter Zugrundelegung einer symmetrischen Stufenabschaltung wählen wir das Verhältnis der Stromschwankungen $K = 1{,}6$, ein Betrag, der nach praktischen Erfahrungen recht empfehlenswert ist. Es wird dann nach S. 15 die Stufenzahl n einschliesslich des Kurzschlusskontaktes:

$$n = \frac{\log W - \log R_a}{\log K} + 1$$

oder $\qquad n = 5 + 1 = 6$ Stufen.

Es ist jetzt der Gesamtwiderstand von 1,07 Ω bis auf den Rotorwiderstand von 0,103 Ω nach einer fünfgliederigen geometrischen Reihe abzustufen, was wieder mit Hilfe des Rechenschiebers geschehen soll.

Es herrschen dann an den einzelnen Kontakten folgende Widerstände:

$$
\begin{array}{lr}
\text{Kontakt I} & 1,07\ \Omega \\
\text{„\quad II} & 0,67\ \text{„} \\
\text{„\quad III} & 0,42\ \text{„} \\
\text{„\quad IV} & 0,26\ \text{„} \\
\text{„\quad V} & 0,16\ \text{„} \\
\text{Kurzschluss} & 0,10\ \text{„} .
\end{array}
$$

Die absoluten Widerstandswerte, die also pro Phase und Stufe unterzubringen sind, werden aus den vorigen durch Subtraktion erhalten.

$$
\begin{array}{lr}
\text{Kurzschlusskontakt} & 0,00\ \Omega \\
\text{Stufe V} & 0,06\ \text{„} \\
\text{„\quad IV} & 0,10\ \text{„} \\
\text{„\quad III} & 0,16\ \text{„} \\
\text{„\quad II} & 0,25\ \text{„} \\
\text{„\quad I} & \underline{0,40\ \text{„}} \\
& 0,97\ \Omega .
\end{array}
$$

Mithin beträgt der ganze Anlasswiderstand einschliesslich des Rotorwiderstandes von 0,10 zusammen 1,07 Ω, eine Grösse, die mit dem theoretisch berechneten übereinstimmt.

Empfehlenswert ist es auch hier, mit Rücksicht auf Netz und Maschinenstation wiederum zwei Vorstufen noch einzubauen, welche auf gleiche Stromzunahme bestimmt werden.

Der Anlaufsstrom J_{max} betrug 65 A.; da die Vorstufen für gleiches Anwachsen des Stromes berechnet werden sollen, hat auf Vorstufe I ein Strom von $^1/_3 . 65$ zu herrschen. Es wird demnach

$$
W_1 = \frac{3 . 120}{65} = 5,55\ \Omega .
$$

Auf Vorstufe II, entsprechend $^2/_3 . 65$ A., beträgt der Widerstand

$$
W_2 = \frac{3 . 120}{2 . 65} = 2,77\ \Omega .
$$

Abzüglich des Anlasswiderstandes sind in den Vorstufen $5,55 - 1,07 = 4,48\ \Omega$ unterzubringen. Der absolute Widerstand der Vorstufe II ergibt sich dann zu $2,77 - 1,07 = 1,70\ \Omega$ und derjenige der Vorstufe $I = 4,48 - 1,70 = 2,78\ \Omega$. In den Anlasser sind daher für jede Stufe folgende Widerstände einzubauen:

$$
\begin{aligned}
&\text{Vorstufe I} & . \; . \; . \; . \; . \; . \quad & 2{,}78\ \Omega \\
&\text{„ II} & . \; . \; . \; . \; . \; . \quad & 1{,}70\ \text{„} \\
&\text{Anlassstufe I} & . \; . \; . \; . \; . \; . \quad & 0{,}40\ \text{„} \\
&\text{„ II} & . \; . \; . \; . \; . \; . \quad & 0{,}25\ \text{„} \\
&\text{„ III} & . \; . \; . \; . \; . \; . \quad & 0{,}16\ \text{„} \\
&\text{„ IV} & . \; . \; . \; . \; . \; . \quad & 0{,}10\ \text{„} \\
&\text{„ V} & . \; . \; . \; . \; . \; . \quad & 0{,}06\ \text{„} \\
&\text{Kurzschluss} & . \; . \; . \; . \; . \; . \quad & 0{,}00\ \text{„} \\
\hline
&& \text{Summa} \quad & 5{,}45\ \Omega.
\end{aligned}
$$

Einschliesslich des Läuferwiderstandes von $0,10\ \Omega$ erhalten wir wieder, wie oben berechnet, den Gesamtwiderstand von $5,55\ \Omega$.

Sollen die Widerstandsstufen hingegen für Kahlenberg-Schaltung bestimmt werden, so ergibt sich die Anzahl der Widerstände pro Phase nach der Beziehung[1])

$$2,5 = \sqrt[m+1]{\frac{100}{1,25\,p}}, \quad \text{wobei} \quad p = \frac{100 . i_{norm} . R_a}{P}$$

oder

$$p = \frac{100 . 25,8 . 0,10}{120} = 2,22.$$

Demnach in unserem Falle

$$2,5 = \sqrt[m+1]{\frac{100}{2,77}}$$

oder $\qquad m + 1 = 3,9,$

mithin $\qquad m = 2,9.$

Gewählt wird $\qquad m = 3.$

Zwischen 1,07, dem Anlaufswiderstande, und 0,10 ist jetzt eine dreigliederige geometrische Reihe zu interpolieren. Wir erhalten dann folgende Widerstände:

$$
\begin{aligned}
&\text{Widerstand beim Anlaufen} & . \; . \; . \; . \; . \; . \; . \; . \quad & 1{,}07\ \Omega \\
&\text{Widerstand, wenn die drei ersten Kohlen anliegen} & . \quad & 0{,}49\ \text{„} \\
&\text{Widerstand, wenn die drei nächsten Kontakte berühren} & \quad & 0{,}23\ \text{„} \\
&\text{Widerstand bei Kurzschluss (Rotorwiderstand)} & . \; . \; . \quad & 0{,}10\ \text{„}.
\end{aligned}
$$

Die absoluten Widerstände pro Phase und Stufe erhält man aus den oberen Werten wiederum durch Subtraktion.

---

[1]) Vergl. S. 16.

$$
\begin{aligned}
\text{Kurzschluss} \;.\;.\;.\;.\;.\;.\;.\;.\;\; &0{,}00\ \Omega \\
\text{Widerstand III} \;.\;.\;.\;.\;.\;.\; &0{,}13\ \text{,,} \\
\text{,,}\qquad\quad \text{II} \;.\;.\;.\;.\;.\;.\; &0{,}26\ \text{,,} \\
\text{,,}\qquad\quad\ \text{I} \;.\;.\;.\;.\;.\;.\; &\underline{0{,}58\ \text{,,}} \\
&0{,}97\ \Omega.
\end{aligned}
$$

Mithin ergibt sich unter Hinzurechnung des Läuferwiderstandes ein Gesamtwiderstand von 1,07 Ω, der mit dem berechneten übereinstimmt.

Gestattet die Anlasskonstruktion die Verwendung von Vorstufen, so können die früher berechneten Werte derselben dem Anlaufswiderstande noch vorgeschaltet werden.

Jedenfalls zeigt das ausgeführte Beispiel zur Genüge die Vorteile der KAHLENBERG-Schaltung in bezug auf Ersparnis an Leitungen und Kontakten der anderen sonst allgemein benutzten symmetrischen Widerstandsabschaltung gegenüber.

Konstruktive Anforderungen der Selbstanlasser für Aufzüge mit Druckknopfsteuerung.

a) Automatisches Aus- und Einschalten der Widerstände.

Bei den gewöhnlichen Aufzügen mit Seil- oder Radsteuerung hat der Anlasser lediglich selbsttätig die Widerstandsstufen beim Anfahren mit entsprechender Geschwindigkeit auszuschalten, während die Einleitung dieser Bewegung, sowie das Vorlegen der Widerstände beim Halten durch den Führer selber erfolgen muss durch entsprechendes Ziehen des Seiles oder Drehen des Steuerrades.

Bei Druckknopfsteuerung hingegen, wo nur der betreffende Etagenknopf gedrückt werden soll, müssen obige Funktionen automatisch vor sich gehen, sie müssen also elektrisch betätigt werden. Durch Schliessen des Druckkontaktes in der Fahrzelle oder bei Aussensteuerung des betreffenden am Schachtzugange wird der Elektromagnet eines Relais erregt, welches den Motorstromkreis schliesst.

Durch einen besonderen sogenannten „Etagenschalter", der sich analog mit den Bewegungen des Fahrkorbes verstellt, wird jener Relaisstrom an der gewünschten Haltestelle selbsttätig unterbrochen, so dass hierdurch der Motor stromlos wird und der Aufzug rechtzeitig anhalten kann.

Das automatische Anlassen wird in der Regel konstruktiv auf drei verschiedene Arten erreicht.

Die älteste und früher ausschliesslich angewendete Methode, das Aus- und Einschalten der Widerstände zu bewirken, lässt sich durch einen kleinen Hilfsmotor von ca. $^1/_4$ PS. erzielen, welcher ohne besondere Anlassvorrichtung an das Netz gelegt werden darf. Beim Schliessen eines Druckknopfkontaktes erhält der Motor direkt Strom und ist automatisch umsteuerbar; er hat zuerst den Widerstand beim Anfahren allmählich auszuschalten und dann seinen eigenen Stromkreis zu unterbrechen, sobald der Aufzugsmotor die normale Tourenzahl erreicht hat.

Soll das Halten des Fahrkorbes eintreten, so hat der Hilfsmotor selbsttätig sich in umgekehrter Drehrichtung in Gang zu setzen und mittelst Schneckenvorgelege oder ähnlichem den Widerstand schnell vor den Aufzugsmotor zu legen und dann diesen und sich selbst automatisch auszuschalten.

Ein Hauptübelstand dieser Konstruktion besteht aber darin, dass die Steuerung Strom braucht, sobald die Kabine anhalten soll. Für den Fall, dass eine der Steuerungssicherungen durchschmilzt, würde der Hilfsmotor stromlos werden und könnte an der Haltestelle den Aufzugsmotor nicht rechtzeitig ausschalten, so dass der Fahrkorb durchfährt, bis durch Funktionieren der Not-Endausrückung der ganze Stromkreis unterbrochen wird, wodurch naturgemäss grosse Unzuträglichkeiten entstehen können.

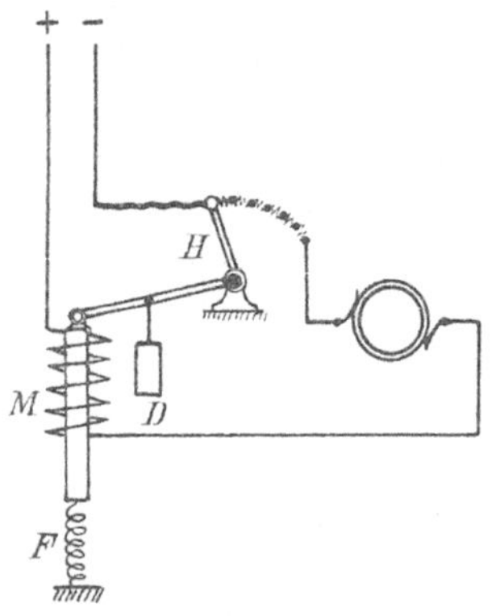

Fig. 7.

Eine andere Methode, die diese Nachteile vermeidet und in neuester Zeit viel benutzt wird, beruht in der Verwendung der Zentrifugalkraft, indem man mit wachsender Umdrehungszahl des Motors durch ein von demselben angetriebenes Zentrifugalpendel, resp. durch Schwungstücke ein stufenweises allmähliches Ausschalten hervorruft.

Wird angehalten, also der Motorstromkreis unterbrochen, so lässt die Zentrifugalkraft nach, und es überwiegt eine Feder, welche durch ihre Spannung die Widerstandsstufen selbsttätig wieder vor den Anker schaltet.

Eine dritte Art, das automatische Ein- und Ausschalten des Anlassers zu erreichen, geschieht durch sogenannte Hubmagnete. Dieselben bestehen aus Solenoiden, die vom Ankerstrom durchflossen werden, in welche ein schwerer, durch eine starke Feder noch heruntergedrückter Eisenkern hineingezogen wird, wobei durch Hebel-Übersetzung und unter Anwendung einer Dämpfung das Ausschalten der Widerstandsstufen allmählich geschieht. Eine derartige Ausführung zeigt schematisch Fig. 7. Der Hubmagnet M liegt im Stromkreise des Ankers und wird bei Stromdurchgang die Zugkraft der Feder F überwinden, so dass der durch die Vorrichtuug *D* gedämpfte Anlasshebel *H* nach dem Kurzschlusskontakt sich langsam hinbewegen kann. Wird der Ankerstrom unterbrochen, so wird das Solenoid unmagnetisch, die Federkraft überwiegt wieder, und der Hebel geht in seine Anfangsstellung zurück, indem er die Anlassstufen wieder einschaltet.

Diese beiden zuletzt genannten Ausführungen genügen auch einer Anforderung, die an alle automatischen Anlasser gestellt werden muss; es soll auch dann der gesamte Vorschaltwiderstand vor den Anker sich selbsttätig schalten, sobald im Hauptstromkreise eine Sicherung durchschmilzt, oder wenn der Motorstrom durch Öffnen einer Tür[1]) unterbrochen wurde.

Die modernen Knopfsteuerungen fast aller Firmen sind demnach entweder mit Hubmagneten ausgerüstet, oder sie benutzen die Zentrifugalkraft zum Anlassen. Beide Prinzipien haben in der Praxis sich recht gut bewährt.

b) Regulierung der Anlassdauer.

Die Widerstandsstufen müssen, wie wir bereits gesehen haben, mit der Geschwindigkeitszunahme des Motors selbsttätig abgeschaltet werden; es ist also eine entsprechend langsame Bewegung der Anlassertraverse oder -Kurbel zu bewirken, welche ihrerseits durch Schwerkraft, Magnetismus oder Zentrifugalkraft einen Bewegungsantrieb erfährt.

In der Praxis werden speziell drei Arten der Hemmung angewendet.

Am allgemeinsten ist die Dämpfung durch Glyzerinkatarakte vertreten. Ein Kolben *K* (Fig. 8) bewegt sich in einem Zylinder *C*, dessen oberer und unterer Teil durch ein sogenanntes Umlaufsrohr *U*

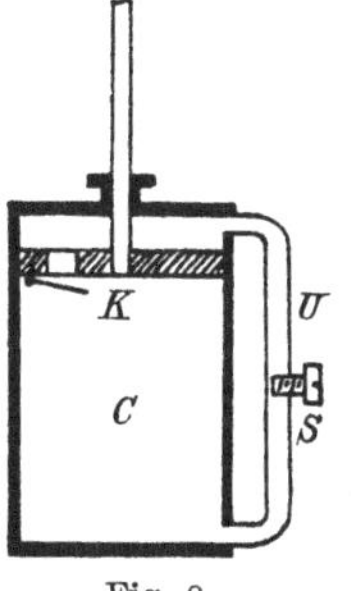
Fig. 8.

verbunden ist. Der ganze Zylinder nebst dem Rohre *U* ist mit einer Mischung aus Wasser und Glyzerin gefüllt, die erst bei ca. — 5° gefriert. Wird nun der Kolben *K* beim Anlassen nach unten gedrückt,

---

[1]) Bekanntlich sind die meisten Aufzugsanlagen derartig eingerichtet, dass eine vorbeifahrende Kabine in jeder Etage durch Öffnen der betreffenden Tür angehalten werden kann. Würde in diesem Falle nach Schliessung der Tür der Fahrkorb die früher gestöpselte Fahrt fortsetzen, so würden, wenn der Anlasswiderstand nicht sofort vor dem Motor geschaltet wäre, die Sicherung durchgehen.

so schiebt er die Flüssigkeit vor sich her, die im Umlaufsrohr durch die Schraube S gedrosselt wird. Durch entsprechende Stellung von S ist der Querschnitt des Rohres U regulierbar und hierdurch die Einschaltzeit beliebig zu verändern.

Dieser Hemmung haftet allerdings der Übelstand an, dass der Anlasser zunächst möglichst frostfrei aufzustellen ist, um bei starker Kälte das Gefrieren der Flüssigkeit zu verhindern, eine Anforderung, der man bei Aufzugsanlagen nicht immer gerecht werden kann, da es häufig vorkommt, dass der Motor nebst Winde auf Bodenräumen seine Aufstellung finden muss.

Ferner verharzt Glyzerin sehr leicht, weil es die Eigenschaft besitzt, Staubteilchen begierig aufzusaugen, die durch die Stopfbüchse in die Flüssigkeit dringen. Deshalb bedarf diese Anordnung, die sonst aber recht gut funktioniert, immerhin einiger Wartung.

Eine zweite Klasse von Hemmungen benutzt die Luftdämpfung.

Es wird hierbei ein bestimmtes Luftquantum komprimiert, wobei die Luft durch eine Regulierschraube verschieden stark entweichen kann, so dass sich auf diese Weise die Anlassdauer verändern lässt.

Einem etwaigen Undichtwerden des Luftkolbens kann man bei längerem Betriebe durch häufigeres Ölen leicht abhelfen.

Eine andere Lufthemmung, wie sie die A. E.-G. neuerdings benuzt, beruht darin, dass man Windflügel durch ein fallendes Gewicht mittelst entsprechender Übersetzung möglichst rasch antreiben lässt. Da je nach der Neigung der Flügel sich der Luftwiderstand ändert, so kann man auf diese Weise auch eine recht gute Regulierung der Einschaltdauer erzielen.

Sollen die Flügel aber energisch wirken, zumal bei grösseren Typen, so fällt diese Art der Dämpfung konstruktiv ziemlich gross aus.

Die bekannteren Hemmungen durch Pendelwerk, die übrigens gut und sicher funktionieren und gar keine Wartung verlangen, sind neuerdings ganz verlassen worden, weil die beim Einschalten auftretenden recht unangenehmen klappernden Geräusche ihrer Einführung in Wohn- und Geschäftshäuser berechtigte Bedenken entgegenstellen.

Speziell für verhältnismässig grossen Hub der Anlassertraverse verwendet mit gutem Erfolge die Firma CARL FLOHR in Berlin eine ihr patentierte Schleuderbremse.

Ein Spindel S (Fig. 9), die mit dem Gewichtsstück G fest verbunden ist, bringt beim Herunterfallen desselben das Zahnrad Z in Umdrehung, welches mit entsprechender Übersetzung ein Schaufelrad in schnelle Rotation versetzt. Dasselbe ist in dem gusseisernen Gehäuse H leicht drehbar angeordnet, und es können in die Kammern des Rades je nach dem Grade der Einschaltdauer 2—4 Schleudergewichte A gelegt werden. Sinkt jetzt die Anlasser-

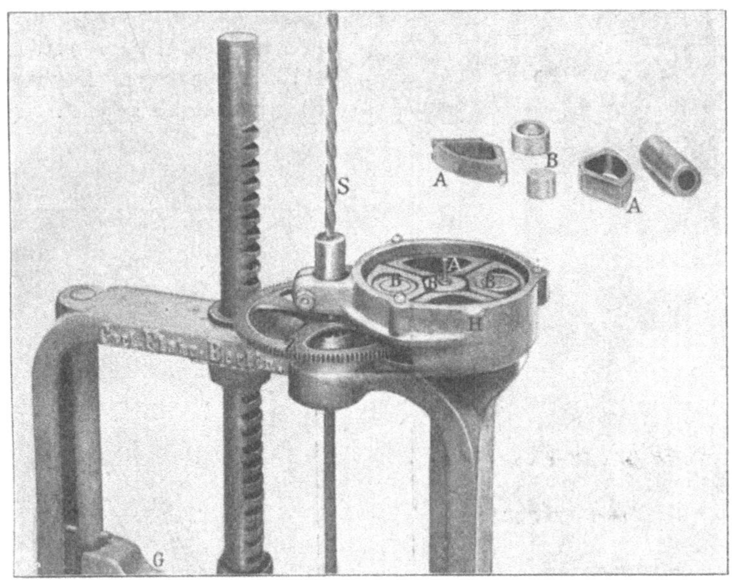

Fig. 9.

traverse G herab, so werden durch das Schaufelrad die Gewichtsstücke in schnelle Bewegung gebracht.

Durch die Zentrifugalkraft werden die Stücke A gegen den Rand des Gehäuses H geschleudert und erzeugen hierdurch eine der Geschwindigkeit proportionale Reibung, welche eine Dämpfung und demnach ein gleichmässiges Fallen des Gewichtes G bewirkt.

Die Fallzeit der Anlassertraverse G lässt sich in ziemlich weiten Grenzen abstufen, je nach der Zahl der verwendeten Gewichtsstücke A, die sich ausserdem noch durch bleierne Zusatzstücke B beschweren lassen.

Das Charakteristische hierbei ist, dass der ganze Mechanismus trocken laufen kann, demnach konstante Reibung besitzt und so gut wie gar keiner Wartung bedarf, daher in höchstem Grade betriebssicher bleibt.

c) Steuerungs-Magnete.

In einem der früheren Abschnitte war darauf hingewiesen, dass das automatische Einschalten der Anlasser durch Solenoide in neuester Zeit sehr beliebt und verbreitet ist, ebenso werden bei Knopfsteuerung die Bremsen elektromagnetisch gelüftet.

Fig. 10.

Fig. 11.

Bei grösseren Zugkräften wird es sich empfehlen, alle Magnete als Topfmagnete, und wenn irgend angängig, mit konischem Pol auszubilden. Durch abgeschrägte Polflächen wird nämlich der Luftzwischenraum verkleinert, für den bekanntlich, wenn eine bestimmte Induktion herrschen soll, die grösste Anzahl von Ampere-Windungen aufzuwenden ist. Die Fig. 10 u. 11 lassen den konischen Kern, sowie Magnetspule und Gehäuse eines FLOHR'schen Bremsmagneten erkennen, eine Ausführungsform, die sich auch ohne weiteres für Hubmagnete verwenden lässt.

Die Zahl der Ampere-Windungen, die erforderlich ist, um eine gewisse Zugkraft zu erzielen, berechnet sich bekanntlich aus der erforderlichen Induktion B.

Nach Kapp beträgt die Zugkraft P in Kilogramm:

$$P = \frac{F}{24{,}6}\left(\frac{B}{1000}\right)^2;$$

hierbei ist als Fläche F die Polfläche in Quadratzentimetern zu wählen, während B die Induktion an dieser Stelle bedeutet.

Kennt man ferner die Länge des Kraftlinienweges im Eisen und diejenige in der Luft in Zentimetern, so kann man mit Hilfe der bekannten Tabellen sofort die erforderliche Anzahl der Ampere-Windungen ermitteln, welche nötig sind, um die berechnete Induktion B zu erzielen.

Die so gefundene Ampere-Windungszahl ist aber noch wegen der hierbei nicht berücksichtigten Streuung mit einem Streuungsfaktor zu multiplizieren, dessen Wert von der Form des Magnettopfes abhängt und der für Glockenmagnete nach meinen Untersuchungen = 1,4 bis 1,5 betrug.

Die Magnete selbst kann man entweder als Nebenschluss- oder Hauptstrommagnete ausbilden. In jedem Falle ist es, wenn grosse Zugkraft erforderlich ist, ratsamer, Hauptstrommagnete zu bevorzugen, da Nebenschlussmagnete erstens viel teuerer in der Herstellung sind und vor allen Dingen wegen ihrer hohen Windungszahl zu grosse Selbstinduktion besitzen, folglich zu träge funktionieren.

Es werden daher in neuerer Zeit mit Vorliebe Hauptstrommagnete verwendet, die aus wenig Windungen ziemlich dicken Drahtes bestehen und demnach im Ankerstromkreise liegen können.

Eine Strombelastung von ca. 4 A. pro 1 qmm Kupferquerschnitt genügt selbst bei stärkster Beanspruchung des Aufzuges unter entsprechend günstigen Ventilationsverhältnissen.

Allerdings verursacht die richtige Ausführung der Hauptstrommagnete grosse Schwierigkeiten, da naturgemäss wegen des hohen Anlaufsstromes selbst bei geringer Windungszahl die zum Anziehen erforderlichen Ampere-Windungen sich bequem erreichen lassen, hingegen schwindet die Zugkraft leicht, sobald sich der Aufzug in Bewegung befindet und demnach weniger Strom braucht. Dieser Übelstand macht sich besonders unangenehm bemerkbar bei der „leichten Fahrt", so dass, wenn der Aufzug mit Maximallast abwärts oder leer aufwärts fährt, bei gut eingelaufenen Fahrstühlen der Stromverbrauch bis auf ca. 2 Ampere und noch weniger heruntergeht.

Infolge hiervon überwiegt leicht die Kraft der Ausschaltefeder den Magnetismus, und der Anlasshebel wird von dem Kurzschlusskontakt zurückgezogen, so dass die Widerstände teilweise während der Fahrt eingeschaltet bleiben, demnach der Motor langsamer laufen und ungenauer an der Haltestelle einfahren wird.

Sollen bei dem erwähnten geringen Strombedarf die Magnete noch halten, so müsste die Windungszahl ausserordentlich gross werden, mithin sich der Widerstand im Ankerstromkreise beträchtlich vermehren und der Motor infolgedessen mit geringerem Drehmoment, sowie geringerer Tourenzahl laufen; ausserdem würde der Wirkungsgrad der ganzen Anlage hierdurch nicht unwesentlich beeinträchtigt.

Die Firma CARL FLOHR-Berlin vermeidet diesen Übelstand durch ein zum Patent angemeldetes Verfahren, indem sogenannte „Compoundmagnete" benutzt werden.

Diese besitzen zwei Wickelungen, von denen die eine als Hauptstromwickelung ausgebildet ist, also im Ankerstromkreise liegt und infolge des hohen Anlaufstromes lediglich zum Anziehen des Kernes, der die Widerstandsstufen. ausschalten soll, verwendet wird. Die zweite Wickelung aus dünnerem Draht liegt im Nebenschluss und dient speziell dazu, das angezogene Gewicht hoch zu halten, braucht also wegen des jetzt bestehenden geringeren Luftzwischenraumes eine bedeutend kleinere Ampere-Windungszahl; der Kern kann also hoch gehalten werden, selbst wenn im Anker der Strom nahezu auf Null herabsinkt.

Hierdurch wird erstens der Widerstand im Ankerstromkreise bedeutend verringert, so dass eine wesentliche ungünstige Beeinflussung der Tourenzahl nicht zu konstatieren ist. Ferner nimmt die Selbstinduktion in der Nebenschlusswickelung in Anbetracht der geringen Ampere-Windungszahl derselben auch nur verhältnismässig kleine Werte an, so dass bei Stromunterbrechung augenblicklich die magnetische Anziehung aufhört.

Bei Drehstromanlagen kann man naturgemäss wegen des grossen scheinbaren Widerstandes keine Hauptstrommagnete verwenden und ist man daher auf Nebenschlussmagnete angewiesen.

Abgeschrägte Polflächen sind auch hier sehr empfehlenswert, da sie ausser erhöhter Zugkraft noch die Selbstinduktion[1]) vermehren sollen, hierdurch im angezogenen Zustande den scheinbaren Widerstand vergrössern, demnach auch den Stromverbrauch für die Steuerung reduzieren. Im allgemeinen haftet den Wechselstrommagneten der grosse Übelstand an, dass sie zum Anziehen ca. das Zwanzigfache des Stromes brauchen, welcher zum Festhalten erforderlich ist; ausserdem macht sich das durch die Ummagnetisierung des Eisens entstehende brummende Geräusch recht unangenehm bemerkbar.

Man ist daher neuerdings bei Druckknopfsteuerungen von der Verwendung grosser Drehstrommagnete ganz abgekommen und benutzt sogenannte „Bremsmotore", kleine Induktionsmotore mit verhältnismässig hohem Ankerwiderstand, welche daher ohne Anlasser direkt an das Netz gelegt werden können. Der Anlaufsstrom beträgt hierbei nur das Zweifache desjenigen Stromes, der beim normalen Betriebe erforderlich ist. Diese Motore führen in der Regel nur wenige Umdrehungen aus, welche auf ein Zahnradsegment[2]) übertragen werden, das durch Hebelübersetzung dieselbe Wirkung wie Solenoide ausübt.

Denselben Zweck erreicht die Firma A. STIGLER-Mailand dadurch, dass sie die Anlassvorrichtung, sowie das Lüften der Bremse durch Druckwasser betätigen lässt, wobei nur ganz kleine Wechselstrommagnete mit geringem Stromverbrauch zur Steuerung der erforderlichen Ventile benutzt werden.

d) Rücksicht auf schnelles Anlaufen des Aufzugsmotors.

Bei automatischer Steuerung ist auf ein sofortiges Anfahren des Aufzuges, sobald der betreffende Etagenknopf gedrückt wurde, ganz besonderer Wert zu legen, damit auch bei geringer Förderhöhe die Kabine möglichst bald ihre normale Geschwindigkeit erhält und hierdurch genau einfahren kann.

Ferner liegt es im unmittelbaren Interesse des Publikums, die Fahrt möglichst sofort nach Betreten der Kabine beginnen

---

[1]) Abgeschrägte Polflächen für Wechsel- und Drehstrommagnete sind der Firma LAHMEYER & Co. zu dem angegebenen Zwecke patentiert.

[2]) Gleichzeitig kann hierdurch das Lüften der Bremse bewirkt werden.

zu können; andererseits erweckt es stets ein gewisses Gefühl der Un-
sicherheit, wenn zwischen Drücken des Knopfes und Anfahren des
Korbes mehrere Sekunden verstreichen müssen.

Die Steuerung mit Hilfsmotor erfüllt diese Anforderung naturgemäss sehr schlecht, da zunächst der kleine Motor sich in Gang
setzen muss, um den Anlasser betätigen zu können. Im allgemeinen
wird man daher bei Druckknopfsteuerungen dieser Art ca. 2 bis
3 Sekunden warten müssen, ehe nach Einleitung der Bewegung das
Anlaufen des Motors erfolgt.

Hingegen kann bei Einschaltung durch sogenannte Hubmagnete
oder bei der Verwendung von Zentrifugalanlassern durch Druck des
betreffenden Kontaktknopfes sich der Fahrstuhl sofort in Bewegung
setzen.

Da bei Hubmagneten das Einschalten des Anlasswiderstandes
unabhängig von der Motorgeschwindigkeit geschieht, so lassen sich hier
bequem Vorstufen unterbringen, deren Vorteile für das Leitungsnetz
wir bereits früher kennen gelernt haben. Während der sogenannten
„schweren Fahrt" müssen diese jedoch erst ausgeschaltet sein, ehe
der Motor anlaufen, demnach sich der Aufzug in Bewegung setzen kann.

Die hierzu erforderliche Zeit lässt sich jedoch dadurch leicht
abkürzen, dass die Geschwindigkeit der Anlassertraverse erst von
dem sogenannten Anlaufskontakte an besonders stark gedämpft wird,
so dass dieselbe über die Vorstufen schneller hinweggleitet und
der Motor rasch und gerade wegen der Vorstufen möglichst stossfrei
anläuft.

Bei Zentrifugalanlassern, deren Einschaltegeschwindigkeit unmittelbar von der Tourenzahl abhängt, muss die erste Widerstandsstufe derartig gewählt sein, dass der Motor stets das 2,5 fache normale
Drehmoment erhält, also unter allen Umständen auch bei der maximalen Belastung anfahren muss. Demnach lassen sich bei diesen
Konstruktionen keine Vorstufen einbauen, man erhält daher denselben
gleich hohen Stromstoss bei leichter wie bei schwerer Fahrt. Wird
bei Verwendung derartiger Anlasser der Aufzug stärker als vorge-
schrieben belastet, so wird, da der für das erhöhte Drehmoment erforderliche Strom nicht auftreten kann, der Motor nicht anlaufen und
der Fahrstuhl sich nicht in Bewegung setzen. Es lassen sich demnach auf diese sehr einfache Weise unangenehme Betriebsstörungen
und Unfälle, welche durch Überlastung entstehen können, wie Durchschmelzen von Sicherungen, Reissen der Seile usw., leicht vermeiden.

e) Das Widerstandsmaterial.

α) Wahl desselben.

Für Anlasser kommen im allgemeinen drei Arten von Widerstandsmaterialien in Betracht, nämlich Metall-, Graphitpulver- und Flüssigkeitswiderstände. Am meisten vertreten bei Aufzugsanlagen sind die Anlasser mit metallenen Widerständen, welche heutzutage immer mehr in Aufnahme kommen, während bei Drehstromanlagen, speziell mit mechanischer Steuerung, vereinzelt Flüssigkeitsanlasser verwendet werden.

Den Drahtwiderständen haftet allerdings der Übelstand an, dass sie leicht durchglühen, sobald sie überlastet resp. unsachgemäss behandelt werden, wodurch dann unliebsame Betriebsstörungen entstehen.

Der Graphitwiderstand hingegen ist ausserordentlich unempfindlich gegen Überlastung, da die Graphitfüllung nahezu unverbrennbar ist. Ebenso lässt sich ein Austausch des Widerstandsmaterials sehr leicht auch durch ungeübtes Personal ausführen.

Einen Übelstand bildet nur die schwierige Isolation der stromführenden Teile, da durch das Herumfliegen des staubförmigen Graphits leicht Nebenschlüsse im Innern des Anlasserkastens entstehen, die jedoch bei der FLOHRschen[1]) Konstruktion fast vollkommen vermieden sind.

Ferner besitzt das Graphitpulver stark hygroskopische Eigenschaften, weshalb es in feuchten Kellern bei Anlassern leicht Widerstandsschwankungen hervorruft; allerdings wird bei regelmässigem Betriebe dieser Nachteil durch die beim Anlassen auftretende starke Erwärmung zum grossen Teil beseitigt.

Ein Hauptnachteil jener Konstruktionen besteht darin, dass zum Einschalten ein sehr grosser Hub erforderlich ist, wodurch grosse und schwerfällige Elektromagnete bedingt werden, weshalb neuerdings auch aus diesem Grunde den Drahtanlassern mit Berührungskontakten und demnach kleinem Einschalthube der Vorzug gegeben wird. Hingegen beruhen, wie bereits erwähnt, die Vorteile der Graphitanlasser darin, dass sie in ihrer Behandlung sehr unempfindlich sind, einer geringen Wartung bedürfen, sehr stark überlastungsfähig sind, und dass das Ausschalten des Widerstandes nicht

---

[1]) Vgl. Seite 74.

sprungweise, wie bei mit Kontakten versehenen Drahtanlassern, erfolgt, sondern, wie bei Flüssigkeitsanlassern, äusserst allmählich.

Auf die spezielleren Einzelheiten wird noch später eingegangen werden.

Flüssigkeitswiderstände, bei denen das Widerstandsmaterial aus einer Pottasche- oder Sodalösung besteht, besitzen zunächst den Vorteil der Billigkeit und beanspruchen, weil sie sich sehr eng zusammenbauen lassen, was auch noch in bezug auf Graphitanlasser hervorzuheben ist, wenig Raum zu ihrer Aufstellung.

Hingegen verlangen sie eine ziemlich grosse Wartung, da die Flüssigkeit leicht verdunstet und sich so ihre Konzentration, mithin auch ihr Widerstand ändert.

Ausserdem treten grosse Stromstösse beim Kurzschliessen des Widerstandes auf, deren Wirkung sich im Fahrkorb sehr unangenehm bemerkbar macht und welche bei Gleichstrom infolge der auftretenden Polarisation[1]) sich überhaupt nicht gänzlich vermeiden lässt.

Im allgemeinen sind daher Flüssigkeitsanlasser aus den angeführten Gründen im Aufzugsbau wenig beliebt und geschieht ihre Verwendung, wie bereits erwähnt, nur vereinzelt bei Drehstromanlagen. Es bleiben daher als rationelles Widerstandsmaterial für Aufzugsanlasser bei Druckknopfsteuerung nur metallene Widerstände übrig, und sind dieselben deshalb, um jede Störung infolge Durchbrennens von vornherein möglichst auszuschliessen, derartig kräftig zu dimensionieren, dass sie selbst bei dauernder Einschaltung keine übermässig hohen Temperaturen annehmen.

Wenngleich man leicht zur Annahme geneigt ist, dass Aufzüge nur intermittierend benutzt werden, so kann man nie mit absoluter Sicherheit das Verhältnis von Betriebszeit zur Ruhepause feststellen, da dieses lediglich von dem Grade der jeweiligen Benutzung des Fahrstuhles abhängt, die wiederum durch die mannigfachsten Zufälle bedingt ist. Es ist daher grundsätzlich zu empfehlen, die Widerstände für Aufzugsmotore unter Zugrundelegung von Dauerbelastung zu berechnen, zumal es durch Unachtsamkeit des Führers oder bei Knopfsteuerung durch Nichtfunktionieren des automatischen Anlassers vorkommen kann, dass die Widerstandsspiralen während der Fahrt eingeschaltet bleiben und so für längere Zeit von dem Motorstrom durchflossen werden.

---

[1]) Vgl. Dr. NIETHAMMER, Generatoren, Motoren und Stauerapparate für elektrisch betriebene Hebezeuge.

Die in einem Leiter infolge des Stromdurchganges erzeugte Temperaturerhöhung lässt sich wie nachfolgend berechnen.

Bezeichnet J die Stromstärke und W den Widerstand, so ist die in Wärme umgesetzte Energie bekanntlich $J^2 W$ Watt.

Da nun ein Watt einer Wärmemenge von 0,24 g-Kal. äquivalent ist, so beträgt die in dem Leiter entwickelte Wärme

$$Q = J^2 W \,.\, 0{,}24 \text{ g-Kal.}$$

Drückt man den Widerstand W durch den spezifischen Widerstand ϱ, Länge L und Querschnitt q aus, so wird die entwickelte Wärmemenge

$$Q = J^2 \frac{\varrho\, L}{q} \cdot 0{,}24 \text{ Kal.}$$

Beträgt die Temperatur des Drahtes T^0, so sind, um diese zu erzielen, $Q = T \,.\, \Psi \,.\, \gamma \,.\, L \,.\, q$ Kal. erforderlich, wenn $L \,.\, q$ das Volumen, Ψ die spezifische Wärme und γ das spezifische Gewicht desselben bezeichnet. Da die in Wärme umgesetzte Energie die Temperaturerhöhung des Leiters hervorrief, muss also sein

$$T \,.\, \gamma \,.\, \Psi \,.\, L \,.\, q = J^2 \cdot \frac{\varrho \,.\, L}{q} \cdot 0{,}24.$$

Hieraus berechnet sich die Temperaturerhöhung

$$T = \frac{J^2 \,.\, \varrho \,.\, L \,.\, 0{,}24}{q^2 \,.\, L \,.\, \gamma \,.\, \Psi}$$

oder

$$T = \frac{\varrho \,.\, 0{,}24}{\gamma \,.\, \Psi} \cdot \left(\frac{J}{q}\right)^2,$$

demnach

$$T = C \cdot \frac{J^2}{q^2} \,.[1])$$

Die bei Stromdurchgang in einem Leiter entwickelte Wärme ist folglich unabhängig von der Länge desselben, hingegen direkt proportional dem Quadrate der Stromstärke und umgekehrt proportional dem Quadrate des Querschnitts multipliziert mit einer Konstanten C, deren Grösse von dem verwendeten Material abhängt. Die Temperaturerhöhung ist demnach bei gleicher Stromstärke und gleichem Querschnitt für verschiedene Widerstandsarten um so geringer (denn auf eine möglichst geringe Erwärmung ist bei Anlassern Wert zu legen), je kleiner der spezifische Widerstand und je grösser das Produkt aus spezifischer Wärme und spezifischem Gewicht ist.

Um die Werte der Konstanten C für die gebräuchlichsten Widerstandsmaterialien festzustellen, setzte ich mich mit den be-

---

[1]) Wenn von Verlusten durch Strahlung und Leitung abgesehen wird.

kanntesten Walzwerken und Drahtziehereien in Verbindung und habe ich mit der liebenswürdigen Erlaubnis des Herrn Professor Dr. WIENER, für die ich ihm an dieser Stelle nochmals herzlichst danke, im Physikalischen Institut der Leipziger Universität die betreffenden Grössen,[1] welche bisher noch nicht festgelegt waren, bestimmen können.

Untersucht wurden Fabrikate der Vereinigten Deutschen Nickelwerke A.-G. in Schwerte, Dr. GEITNERS Argentan-Fabrik, F. A. LANGE-Auerhammer in Sachsen, BASSE & SELVE in Altena in Westfalen und der Isabellenhütte, Dillenburg-Bonn, wobei folgende Resultate sich ergaben.

Vereinigte Deutsche Nickelwerke, Schwerte.

Material	Spez. Widerstand ϱ	Spez. Wärme Ψ	Spez. Gewicht γ	$C = \dfrac{0{,}24\,\varrho}{\gamma \cdot \Psi}$
Superior, gewöhnl. .	0,85	0,118	8,12	0,212
Superior, plattiert .	0,79	0,116	8,21	0,199
I a I a	0,48	0,095	8,87	0,137
Manganin	0,43	0,104	8,12	0,122
Nickelin I . . .	0,42	0,104	8,12	0,119
Neusilber II . . .	0,39	0,094	8,82	0,113
Nickelin II . . .	0,34	0,095	8,88	0,097

Dr. Geitners Argentan-Fabrik.

Material	Spez. Widerstand ϱ	Spez. Wärme Ψ	Spez. Gewicht γ	$C = \dfrac{0{,}24\,\varrho}{\gamma \cdot \Psi}$
Rheotan	0,47	0,093	8,54	0,142
Konstantan . . .	0,47	0,106	8,86	0,120
Nickelin	0,40	0,093	8,72	0,118
Extra I a	0,30	0,093	8,70	0,089

Basse & Selve-Altena.

Material	Spez. Widerstand ϱ	Spez. Wärme Ψ	Spez. Gewicht γ	$C = \dfrac{0{,}24\,\varrho}{\gamma \cdot \Psi}$
Konstantan . . .	0,49	0,095	8,76	0,141
Nickelin	0,34	0,095	8,91	0,096

[1] Die spezifischen Widerstände wurden mir von den Firmen angegeben; vorgenommene Stichproben bestätigten die Richtigkeit.

Isabellenhütte, Dillenburg.

Material	Spez. Widerstand ϱ	Spez. Wärme Ψ	Spez. Gewicht γ	$C = \dfrac{0,24\,\varrho}{\gamma \cdot \Psi}$
Manganin	0,43	0,097	8,28	0,128
Resistan	0,51	0,117	8,25	0,127

Die aufgeführten verschiedenen Widerstandsmaterialien wurden hierauf einer Strombelastung unterzogen und zwar derartig, dass nach Möglichkeit versucht wurde, in bezug auf Ventilation und Abkühlungsverhältnisse dieselben Bedingungen zu schaffen, wie sie in der Praxis für Anlasser bestehen. Die Versuche geschahen mit Drähten und Bändern von gleichem Querschnitte, und zwar wurde für Drähte ein Durchmesser von 2 mm gewählt, über den hinauszugehen praktisch wenig ratsam ist, da die ausstrahlende Oberfläche im Verhältnis zum Querschnitt bei grösserem Durchmesser relativ langsamer zunimmt.

Werden demnach dünnere Drähte als 2 mm gewählt, so ist wegen der relativ grösseren Strahlungsfläche die Erwärmung bei gleicher Strombelastung pro 1 qmm geringer. Gleichzeitig wurden die erwähnten Materialien in Form von Bändern untersucht, wobei die Breite 12,5 mm und die Dicke 0,25 mm betrug, der Querschnitt demnach = 3,13 qmm, also angenähert gleich dem der Drähte war.

Um möglichst ungünstige Abkühlungsverhältnisse zu erzielen, wurden die Drähte als Spiralen senkrecht stehend, die Bänder in Zickzackform, gleichfalls vertikal verlaufend, in mit Fächern versehene Kästen eingebaut, so dass jedes Material in einem besonderen Abteil untergebracht werden konnte.

Damit eine der Praxis entsprechende Luftzirkulation, von der die eventuelle Strombelastung ausserordentlich abhängt, erreicht wird, waren alle Kästen unten offen, während sie durch perforiertes Blech oben abgedeckt waren.

Die Strombelastungsversuche waren so ausgeführt, dass bei dauerndem Stromdurchgange die Stromstärke allmählich derartig gesteigert wurde, bis im dunkeln Raum eine schwache Rotglut der Spiralen und Bänder zu konstatieren war.

Die nachstehende Tabelle enthält die hierbei beobachteten Stromstärken und gibt gleichzeitig die spezifische Strombelastung,

d. h. die Anzahl Ampere pro Quadratmillimeter, bei denen Glühen auftritt, an.

Material	Draht A	Band A	A/qmm Draht	A/qmm Band
Superior,[1] gewöhnl.	20	30	6,37	9,58
Superior,[1] plattiert	21	—	6,69	—
Rheotan[2]	23	41	7,32	13,10
Ia Ia[1]	24	43,5	7,65	13,90
Konstantan[3] . . .	24	44	7,65	14,06
Konstantan[2] . . .	24	44	7,65	14,06
Manganin[1] . . .	24,5	—	7,80	—
Nickelin[2]	25	50	7.97	15,97
Nickelin I[1] . . .	25	50	7,97	15,97
Neusilber II[1] . .	25	50	7,97	15,97
Nickelin II[1] . . .	26	50	8,28	15,97
Nickelin[3]	27	51	8,60	16,29
Extra Ia[2]	28	53	8,93	16,93

Aus der vorstehenden Tabelle erkennt man sofort, dass sich Bänder von den angegebenen Dimensionen ca. zweimal so hoch belasten lassen, wie Drähte von gleichem Querschnitt, da im ersteren Fall die ausstrahlende Oberfläche bedeutend grösser ist.

Weiter folgt, dass die Strombelastung bei den untersuchten Widerstandsmaterialien dem spezifischen Widerstande umgekehrt proportional ist, da die spezifische Wärme und das spezifische Gewicht nur geringere Unterschiede bei den genannten Legierungen aufweisen.

In der Praxis soll jedoch für Aufzugsanlasser die Strombelastung nicht so hoch gewählt werden, dass bei Dauereinschaltung ein Glühen des Widerstandsmaterials eintritt; es ist daher empfehlenswert, nur $^2/_3$ des Wertes für die Strombelastung pro Quadratmillimeter zu nehmen, bei welcher gerade beginnende Rotglut auftritt.

Man erhält demnach für Anlasswiderstände folgende Strombelastung pro 1 qmm:

----

[1] Bedeutet Vereinigte Deutsche Nickelwerke.
[2] GEITNERS Argentan-Fabrik, Auerhammer.
[3] BASSE & SELVE.

Material	Spez. Widerstand ϱ	Draht	Band
Superior, gewöhnlich .	0,85	4,25	6,39
Superior, plattiert . .	0,79	4,46	-
Rheotan	0,47	4,88	8,73
Ia Ia	0,48	5,10	9,27
B. & S. Kontantan .	0,49	5,10	9,37
Geitners Konstantan .	0,47	5,10	9,37
Manganin V. D. N.-W.	0,43	5,20	—
Geitners Nickelin . .	0,40	5,31	10,65
Nickelin I	0,42	5,31	10,65
Neusilber II	0,39	5,31	10,65
Nickelin II	0,34	5,52	10,65
B. & S. Nickelin . .	0,34	5,73	10,86
Geitners Extra Ia . .	0,30	5,95	11,29

Was die Wahl des Drahtmatcrials selbst anbelangt, so hat dasselbe den verschiedensten Ansprüchen gerecht zu werden.

In erster Linie soll es einen möglichst hohen spezifischen Widerstand besitzen, damit der ganze Anlasser klein ausfällt; ferner wird verlangt, dass es auch eine hohe Strombelastung aushalten kann, zwei Anforderungen, welche, wie vorstehende Tabelle zeigt, sich gegenseitig widersprechen.

Man wird daher dasjenige Material für Aufzugsanlasser aus den genannten Gründen bevorzugen, welches bei einem mittleren spezifischen Widerstande auch eine mittlere Strombelastung besitzt. Es eignen sich demnach auf Grund der angestellten Versuche Legierungen mit $\varrho = 0,47—0,49$ am besten, welche dauernd ohne Gefahr mit ca. 5 Amp. pro 1 qmm belastet werden können.

Der Widerstand des Materials darf ferner bei Erwärmung nicht unzulässig hohe Werte annehmen, damit der berechnete Anlaufsstrom entstehen kann; infolgedessen ist ein geringer Temperaturkoeffizient erforderlich.

Ausserdem kommt noch der Strahlungskoeffizient in Betracht, der möglichst gross sein soll, damit die entwickelte Wärme schnell ausstrahlen, der erhitzte Widerstand sich rasch abkühlen kann. Da jedoch die Oberfläche der Bänder und Spiralen blank und glatt ist und die genannten Legierungen zum grössten Teil aus Kupfer mit Nickel- oder Manganbeimischungen bestehen, so ist wegen des überwiegenden Kupfergehaltes auch der Strahlungskoeffizient für die erwähnten Widerstandsmaterialien ziemlich gleich, so dass nach diesen Gesichtspunkten keine der untersuchten Legierungen wesentliche Vorteile vor den anderen voraus hat.

Ausschlaggebend ist lediglich der spezifische Widerstand, der innerhalb weiterer Grenzen von 0,30 bis 0,85 schwankt.

In konstruktiver Beziehung muss das Widerstandsmaterial für Anlasserzwecke möglichst unempfindlich gegen atmosphärische Einflüsse sein. Ferner muss es, damit es sich leicht verarbeiten lässt, einen hohen Grad von Geschmeidigkeit besitzen. Allen diesen erwähnten Anforderungen genügen im besonderen Maſse Resistan,[1] Rheotan, Konstantan und Ia Ia. Das erwähnte Resistan wird in jüngster Zeit von der Isabellenhütte Dillenburg als ganz neues Widerstandsmaterial auf den Markt gebracht, welches bei einem spezifischen Widerstande von 0,51 eine verhältnismässig sehr geringe Temperaturerhöhung erfährt, da die spezifische Wärme und das spezifische Gewicht grösser als bei den erwähnten Legierungen sind.

Als Verfasser in Leipzig die erwähnten Belastungsversuche anstellte, wurden gleichzeitig von der Isabellenhütte aus durch Herrn Prof. Lorenz in Zürich Strombelastungsversuche mit Widerstandsmaterialien der erwähnten Firma ausgeführt, welche mir in bereitwilligster Weise zur Verfügung gestellt waren, so dass ich mich darauf beschränken konnte, nur die physikalischen Konstanten zu bestimmen.

Allerdings wurden die Drahtsorten unter verhältnismässig sehr günstigen Abkühlungsverhältnissen untersucht, indem Manganin- und Resistandrähte frei in der Luft ausgespannt unter Strom genommen wurden.

Im folgenden seien die Stromstärken mitgeteilt, bei denen Drähte jener Legierungen frei ausgespannt im dunklen Raume aufleuchten.[2]

---

[1] Resistan besitzt einen Temperaturkoeffizienten von ca. $+ 0,000015$, derjenige von Konstantan beträgt $- 0,00003$, während er bei den übrigen genannten Legierungen um $+ 0,0002$ schwankt.

[2] Wie bereits die Tabelle auf S. 39 erkennen lässt, zeigen Manganin und Resistan gleiche Temperaturerhöhung, ein Resultat, das auch experimentell durch Herrn Professor Lorenz bestätigt wurde.

Durchmesser	Strom		Durchmesser	Strom
0,2	1,7		1,8	27,6
0,4	4,0		2,0	31,6
0,6	6,8		2,2	35,7
0,8	9,8		2,4	39,9
1,0	13,0		2,6	44,2
1,2	16,1		2,8	48,6
1,4	20,0		3,0	53,1
1,6	23,8			

Da bei Anlassern bedeutend ungünstigere Abkühlungsverhältnisse herrschen, wird man von diesen angegebenen Strombelastungen
ca. $^3/_4$ zu nehmen haben, so dass sich für 2 mm Φ ungefähr
24 Amp. ergeben werden, mithin dem Wert der Konstanten C
entsprechend sich das neue Material Resistan in bezug auf Strombelastung mit Rheotan, Konstantan und Ia Ia für praktische Zwecke
gleichstellen lässt, also eine Belastung von ca. 5 Amp. pro qmm
bei dauernder Einschaltung gestattet.

Die Preise der besonders für Aufzugsanlasser geeigneten
Legierungen betragen zur Zeit bei Abnahme von 25 Kilo pro 1 Kilo
und einer Drahtstärke von 2 mm Durchmesser:

$$\text{Resistan} \quad \ldots \ldots \ldots \quad \text{ca. 3,00 Mk.}$$
$$\text{Rheotan} \quad \ldots \ldots \ldots \quad \text{„ 4,20 „}$$
$$\text{Konstantan} \quad \ldots \ldots \ldots \quad \text{„ 4,70 „}$$
$$\text{Ia Ia} \quad \ldots \ldots \ldots \quad \text{„ 3,90 „}$$

Für Bleche stellen sich die Preise um 10 $^0/_0$ teurer. Demnach erscheint Resistan wegen seines ausserordentlich billigen Preises und
seiner sonstigen günstigen Eigenschaften berufen zu sein, im modernen
Anlasserbau eine bedeutende Rolle zu spielen und das heute fast
allgemein beliebte Rheotan verdrängen zu sollen; allerdings ist das
genannte Material erst seit zu kurzer Zeit eingeführt, um über seine
allgemeinere Verwendbarkeit ein abschliessendes Urteil fällen zu
dürfen.

Vor einigen Jahren wurde versucht, Kruppin auf den Markt
zu bringen, welches einen sehr hohen spezifischen Widerstand $\varrho = 0,85$
besitzt; die spezifische Wärme[1]) beträgt 0,0123, das spezifische Gewicht 8,10, folglich berechnet sich die Konstante C für die Temperatur-

---

[1]) Vergl. KRAUSE, Anlasser.

erhöhung zu 2,05, ein Betrag, der ausserordentlich hoch ist und der bedingt, dass dieses Material nur mit ca. 2,5 Amp. pro 1 qmm belastet werden darf.

Allein aus diesem Grunde ist es für Anlasserzwecke nicht gut brauchbar; ein fernerer Übelstand, der seine Verwendung im Aufzugsbau vollkommen ausschliesst, besteht darin, dass Kruppin als Eisenlegierung eine grosse Neigung zu Rostbildung zeigt.

Eiserne Widerstände werden auch von der Union in Form flacher schlangenartiger Bänder hergestellt; dieselben sind aus demselben Grunde wie Kruppin für Aufzugsanlasser ungeeignet, ausserdem besitzen sie noch einen sehr hohen Temperaturkoeffizienten, so dass der Widerstand bei 10^0 Erwärmung bereits um $4^1/_2 \, {}^0/_0$ zunimmt.

Überdies haben dieselben noch den anderen Nachteil, dass sie beim Transport und bei der Montage auf Bauten, wo bekanntlich mit den Apparaten nicht allzu zart umgegangen wird, leicht zerbrechen. Ferner scheiden sie für Drehstromanlasser ihrer hohen Selbstinduktion wegen von vornherein aus.

Zum Schlusse sei noch der Vollständigkeit halber erwähnt, dass wiederholt Versuche angestellt sind, Kohle als Anlasswiderstand zu verwenden, wobei infolge des hohen spezifischen Widerstandes der Anlasser sehr klein ausfallen würde.

Für Laboratoriumszwecke mögen sich derartige Widerstände vielleicht recht gut eignen, für die Praxis wird aber ihre Verwendung illusorisch, da die Kohle erstens zu zerbrechlich ist und dann eine zu geringe Strombelastung verträgt.

Ferner tritt infolge des hohen Übergangswiderstandes an den Kontaktanschlüssen eine sehr starke Erwärmung auf, wodurch wieder durch Bildung von Metalloxyden der Widerstand noch grösser und mit der Dauer der Betriebszeit sich die Temperatursteigerung immer ungünstiger bemerkbar machen wird.

β) **Dimensionierung des Widerstandsmaterials.**

Nach früheren Ausführungen betrug die Temperaturerhöhung pro Sekunde eines stromdurchflossenen Leiters

$$T = C \cdot \frac{J^2}{q^2}.$$

Ist nun die Dauer der Anlaufszeit, wie es bei automatischen Anlassern stets der Fall ist, genau bekannt und unveränderlich, so lässt sich mit Hilfe der obigen Formel der Drahtquerschnitt bestimmen, wenn die Fahrtdauer, sowie die Ruhepause bis zu Beginn einer neuen Einschaltung des Widerstandes derartig gross sind, dass die Spulen sich mit Sicherheit auf die Lufttemperatur wieder abgekühlt haben. Allerdings darf man nach diesen Gesichtspunkten nur solche Anlasswiderstände berechnen, bei denen die Aufzüge eine sehr grosse Förderhöhe besitzen und wo es ausgeschlossen ist, dass der Aufzug in Zwischenetagen halten kann, wie es bei Fördermaschinen der Fall wäre.

Beträgt z. B. die Anlasszeit 5 Sekunden, die Fahrtdauer hingegen 30 Sekunden, und sind für Öffnen der Türen, Aus- und Einsteigen und Schliessen wiederum 20 Sekunden erforderlich, so würde der Widerstand im ungünstigsten Falle 45 Sekunden zur Abkühlung Zeit haben, d. h. das Verhältnis von Ruhepause zu Stromdurchgang sich wie 9 : 1 verhalten, mithin eine genügende Abkühlung eintreten. Werden Lasten gefördert, so ist wegen der grösseren Aus- und Einladezeit dieses Verhältnis ein noch viel günstigeres.

Die Temperatur des Widerstandsmaterials soll 200 ^{0} nicht überschreiten; beträgt die Lufttemperatur 15 ^{0}, so dürfen die Spiralen sich bis auf 185 ^{0} demnach erhitzen.

Bei 5 Sekunden Anlaufszeit erhält man pro 1 Sekunde eine Temperatursteigerung von

$$T = 185\,^0 : 5 = 37\,^0,$$

ein Betrag, der aber wegen der hier nicht berücksichtigten Ausstrahlung in Wirklichkeit geringer sein wird.

Soll z. B. ein 7,5 pferdiger Motor mit 30 Amp. ausgenutzt sein, so berechnet sich für Rheotandraht $C = 0,142$ und es wird

$$T = 0,142 \cdot \frac{30^2}{q^2}$$

oder

$$q^2 = \frac{0,142 \cdot 900}{37},$$

folglich

$$q = 1,86 \text{ qmm,}$$

entsprechend einem Durchmesser von $\sim 1,5$ mm.

Im allgemeinen werden diese günstigen Abkühlungspausen bei Aufzügen höchst selten vorhanden sein, da der Fahrkorb auch in Zwischenetagen halten soll, demnach bei geringer Etagenhöhe der Anlasswiderstand fast während der ganzen Fahrt unter Strom stehen wird.

Es ist daher nach dem angegebenen Verfahren nur bei ganz grossen Anlassern, wie sie z. B. bei Fördermaschinen benutzt werden, der Drahtquerschnitt zu bestimmen, so dass hierdurch eine nennenswerte Ersparnis an Widerstandsmaterial auftritt.

Für mittlere Personen- und Lastenaufzüge, die stark beansprucht werden, ist es in hohem Maſse empfehlenswert, auf Grund der angeführten Versuche den der Dauerbelastung entsprechenden Strom pro 1 qmm Querschnitt der Berechnung zugrunde zu legen, wobei die Betriebssicherheit bedeutend vergrössert ist.

Zur Bestimmung des Drahtdurchmessers wird die normale Stromstärke, welche bei Maximalbelastung dauernd während der Fahrt auftritt, benutzt, im Falle unseres $7^1/_2$ pferdigen Anlassers demnach 30 Amp.

Wird nun eins der erwähnten Widerstandsmaterialien wie Rheotan, Resistan oder ähnliche benutzt, so kann man, wie experimentell nachgewiesen, 5 Amp. pro 1 qmm Querschnitt rechnen. Demnach wäre für das erwähnte Beispiel bei 30 Amp. ein Querschnitt von 6 qmm erforderlich.

Da man wegen der relativ geringeren Abkühlungsfläche bei Drähten nicht über 2 mm $\Phi = 3{,}14$ qmm Querschnitt hinausgeht, so würde man in diesem Falle 2 Drähte von 2 mm Durchmesser parallel schalten, so dass sich eine Belastung von 4,8 Amp./qmm ergibt.

Sollte ein derartig dimensionierter Widerstand durch Unachtsamkeit des Führers oder infolge Versagens der automatischen Einschaltung während der ganzen Fahrt vom Ankerstrome durchflossen werden, so wäre eine Betriebsstörung infolge Durchglühens der Spiralen ausgeschlossen, und es würde nur der Motor entsprechend langsamer laufen, mithin die Fördergeschwindigkeit eine geringere werden.

Bei der Dimensionierung der Vorstufen kann eine höhere Strombelastung pro Quadratmillimeter, etwa der 1,5 fache angegebene Wert genommen werden, da jene nur momentan von dem Ankerstrom durchflossen und zuerst kurz geschlossen werden. Trotzdem ist es auch hier durchaus ratsam, die Vorstufen gleichfalls für Dauerbelastung zu berechnen.

Überhaupt ist es bei kleineren und mittleren Anlassern sehr empfehlenswert, pro Type möglichst nur eine Drahtstärke aus fabrikationstechnischen Gründen zu verwenden. Erst bei grösseren Anlassern über 12 PS. hinaus würde es sich der Materialersparnis wegen lohnen, verschiedene Drahtquerschnitte zu benutzen.

γ) Der Aufbau des Widerstandsmaterials.

In erster Linie sind die heiss werdenden Spiralen durch feuersichere Umkleidung von der Umgebung abzuschliessen, ebenso auf feuerfester Grundplatte zu montieren.

Das Widerstandsmaterial als Draht oder flaches Band wird in Spiralen von rundem, zickzackförmigem oder rhombischem Querschnitte gewickelt.

Die runden Spiralen haben den Vorzug, zumal bei kleinem Wickeldurchmesser, eine grosse Steifigkeit zu besitzen, während diejenigen von rhombischem Querschnitte über entsprechend geformte Kerne aus feuerfestem Material, Asbest etc., gewickelt werden müssen.

Da aber Asbest bekanntlich stark hygroskopisch ist, so stehen der Verwendung derartiger Konstruktionen in feuchten Räumen grosse Bedenken wegen des geringen Isolationswiderstandes gegenüber.

Es ist daher die Anordnung senkrecht stehender Spiralen ohne Kern entsprechend vorzuziehen.

Allerdings dürfen die einzelnen Widerstandsspulen sich hierbei nicht berühren; es ist daher auch im Interesse der ungehinderten Luftzirkulation für entsprechende Zwischenräume zu sorgen. In diesem Falle dürfen die Spiralen nicht übermässig hoch belastet werden, da die Spulen sonst infolge zu starker Erwärmung sich leicht recken, so dass infolge des Eigengewichts die unteren Windungen sich gegenseitig berühren, demnach die Spirale zum Teil kurz schliessen, wodurch der Widerstand kleiner und die Spulen noch stärker elektrisch belastet werden, mithin ein Durchglühen derselben zu befürchten ist.

Ferner ist darauf Rücksicht zu nehmen, dass der Wickeldurchmesser nicht 15 mm überschreiten soll, um eine genügende Elastizität zu erhalten. Ebenso soll die Länge der einzelnen Spiralen im ausgereckten Zustande nicht über 350 mm betragen.

Einige Firmen wickeln den Widerstandsdraht auf Porzellanrollen, welche die in den Spulen entwickelte Wärme aufnehmen sollen, um sie in den Ruhepausen wieder auszustrahlen.

Allerdings hat diese Art des Aufbaues[1]) bei momentan stark schwankenden Stromintensitäten grosse Vorteile gegenüber den frei in Spulen gewickelten Drähten, da das Material wegen der Wärmekapazität des Porzellankernes sich stärker belasten lässt.

Meines Erachtens nach ist aber diese Anordnung für Aufzugsanlasser, die fortwährend aus- und eingeschaltet werden, wegen der äusserst langsamen Abkühlung wenig zweckmässig.

Nach ETZ. 1898, S. 95 wurde beobachtet, dass z. B. ein und derselbe Widerstand sich in 8 Minuten von Rotgluthitze auf Zimmertemperatur abkühlte, wenn der Draht als luftige Spirale ohne Kern gewickelt war. Hingegen betrug die Abkühlungszeit 80 Minuten, wenn der Draht über einen Porzellanhohlzylinder gewunden, und

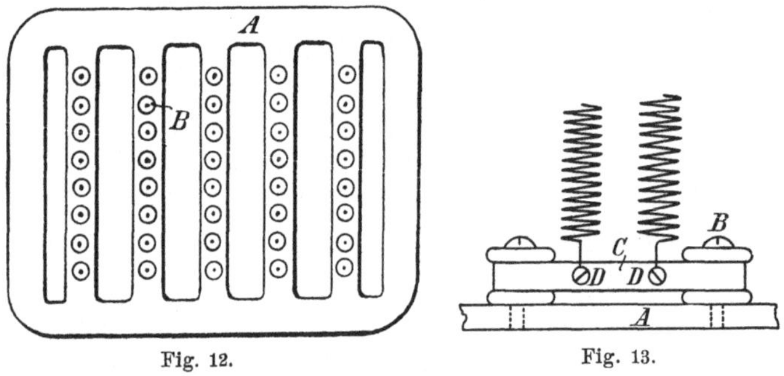

Fig. 12.   Fig. 13.

130 Minuten, wenn der Kern aus einer massiven Porzellanrolle gebildet wurde.

Demnach ist allein schon aus diesem Grunde, von anderen Mängeln, wie Zerspringen der Rollen etc., abgesehen, das Aufwickeln des Widerstandsmaterials auf Zylinder, Röhren etc. für Aufzugszwecke zu vermeiden.

Sehr empfehlenswert und als recht betriebssicher ist es anzusehen, wenn zwischen zwei Rahmen A (Fig. 12) an Isolierrollen befestigt die Spiralen ausgespannt werden, wobei darauf zu achten ist, dass eine entsprechende Zugspannung in den Spulen herrscht.

B sind Isolierrollen, welche auf dem Rahmen A aufgeschraubt sind. Die Befestigung der Spulen selber geschieht in sehr solider Weise nach Art der Fig. 13.

---

[1]) Sogenannte Kapazitätselemente.

Um die erwähnten Porzellanrollen *B* ist ein starker Messing-streifen *C* gelegt, an welchem mittelst der Schrauben *D* die Widerstandsspiralen befestigt sind. Jede andere Verbindung der letzteren, wie z. B. durch Verlöten, ist grundsätzlich auszu-schliessen, da die Gefahr des Schmelzens der Lötstelle bei Über-lastung stets vorliegt und so die Ursache unangenehmer Betriebs-störung bilden kann.

Bei Benutzung von Bändern ist das Zusammenfügen der einzelnen Streifen ganz besonders sorgfältig auszuführen und hat dasselbe durch Zusammenschweissen resp. Zusammennieten zu erfolgen. Infolge des grossen Übergangswiderstandes ist es ratsam, hier den Querschnitt der Verbindungsstelle entsprechend zu erhöhen.

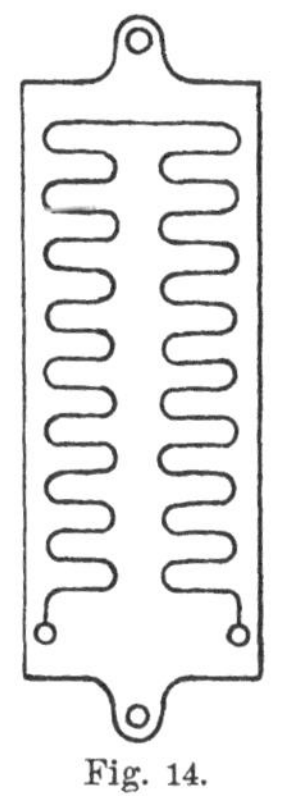

Eine anscheinend recht gute Anordnung, für die aber bei Aufzugsbetrieben bis jetzt noch keine Er-fahrungen vorliegen, um darüber ein abschliessendes Urteil zu bilden, rührt von Dr. MAX LEVY-Berlin N. her. Hier wird, wie Fig. 14 erkennen lässt, ein Blechstreifen aus Konstantan zickzackförmig gebogen und mittelst Emaille auf mit Abkühlungsrippen ver-sehene gusseiserne Platten befestigt, die bequem ein-zubauen und leicht auswechselbar sind.

Speziell durch den hohen Strahlungskoeffizienten der Emaille sowie der rauhen Eisenplatte wird eine schnelle Abkühlung bei gleichzeitig hoher Belastungs-fähigkeit erreicht.

Fig. 14.

Um eine recht energische Luftzirkulation zu erzielen, ist es empfehlenswert, die Widerstandskästen unten offen zu lassen, so dass hier die kalte Luft einströmen kann, und dieselben an den Seiten und oben mit perforiertem Blech abzudecken.

Günstig, wenn auch nicht gerade erforderlich, ist es, den Anlasserkasten der besseren Wärmeabgabe wegen mit einem dunklen Anstrich zu versehen, sowie die blanken Widerstandsspulen der schnelleren Abkühlung halber anzurussen.

f) Die Kontakte.

Man unterscheidet zunächst zwei Hauptarten von Kontakten, die für Anlasserzwecke in Frage kommen, nämlich die Schleif- und Berührungskontakte.

Für die erste Gruppe ist typisch, dass die Bewegung des einschaltenden Organs in der Richtung der einzelnen Lamellen, also schleifend erfolgt, während bei den Berührungskontakten die Bewegung senkrecht geschieht.

Die Fig. 15 u. 16 zeigen schematisch das Charakteristische dieser beiden Arten.

Wie man sofort erkennt, ist der zum Einschalten erforderliche Hub bei den Berührungskontakten gegenüber der anderen genannten Ausführungsform ausserordentlich klein und beträgt z. B. bis zu 15 PS.-Motore 15—20 mm.

Daher eignet sich jene Anordnung ganz besonders für Anlasser zu Aufzügen mit Druckknopfsteuerung, da die Magnete bei diesem kleinen Hube günstige Dimensionen annehmen, demnach in betreff der Platzfrage, auf die bei Fahrstuhlanlagen in ganz besonderem

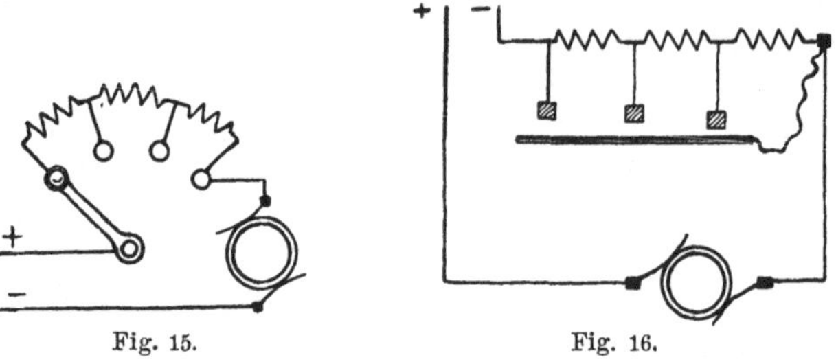

Fig. 15.   Fig. 16.

Mafse Rücksicht genommen werden muss, keine grosse Rolle spielen. Hingegen sind bei Verwendung von Schleifkontakten wegen des grossen Hubes bedeutend kräftigere Magnete erforderlich, die einen beträchtlichen Teil des zur Verfügung stehenden Raumes für sich beanspruchen.

Mit Vorliebe werden in neuester Zeit daher bei uns Berührungskontakte benutzt, während die Amerikaner eine ausgesprochene Vorliebe für Schleifkontakte besitzen.

Letztere müssen überhaupt, und hierin besteht ein weiterer wesentlicher Unterschied der genannten Arten, wegen der auftretenden Reibung aus Metall konstruiert werden, hingegen lässt sich bei Berührungskontakten mit recht gutem Erfolge Kohle benutzen.

Bestehen nämlich die Lamellen aus Metall, so ist die zwischen denselben auftretende Spannung so gering zu nehmen, dass keine grössere Funkenbildung auftritt, weil hierdurch das Material sonst zerstört und bei jedesmaligem Einschalten durch die entstehenden Funken mit nachfolgender Oxydbildung der Übergangswiderstand noch mehr vergrössert, der Übelstand im Laufe der Betriebszeit nur noch schlimmer wird.

Es ist daher bei dieser Ausführung eine verhältnismässig sehr grosse Zahl von Kontakten zu verwenden, infolgedessen ist aber eine desto längere Bahn beim Einschalten zu durchlaufen, wodurch die Anlassperiode erheblich verlängert wird.

Ausserdem kann es bei dieser Anordnung sehr leicht vorkommen, dass infolge starker Funkenbildung die Anlassertraverse festfrittet und demnach in ihrer weiteren Bewegung aufgehalten wird. Der Widerstand bleibt folglich während der ganzen Fahrt eingeschaltet und glüht durch, sobald er nicht für Dauerbelastung dimensioniert ist.

Soll gleichzeitig durch den Anlasser das Ausschalten bewirkt werden, so würde in diesem Falle ein Versagen eintreten, da die Feder[1]) in den seltensten Fällen die Kraft besitzen könnte, den festgebrannten Kontakt loszureissen, und der Aufzug würde über die gewünschte Haltestelle hinausfahren, bis er gegen die Not-End-ausrückung stösst und hierdurch erst die Stromunterbrechung stattfindet, allerdings auf Kosten einer vorübergehenden Ausserbetriebsetzung des Fahrstuhles. Überhaupt ist ganz besonderer Nachdruck auf jegliche Vermeidung von Störungen zu legen und ist bei jeder Konstruktion für Aufzugsanlagen diese erste Bedingung grundsätzlich im Auge zu behalten.

Jedenfalls sind Berührungskontakte aus Kohle jeder anderen Kontaktart für automatische Anlasser unbedingt vorzuziehen, zumal eine bedeutend geringere Funkenbildung und demgemäss eine kleinere Abnutzung im Betriebe sich ergibt; überdies ist die Herstellung im Gegensatz zu Metallkontakten auch noch billiger.

Mehrere Firmen wenden bei Aufzugsanlassern Metallkontakte auf Kohle an, um angeblich einen geringeren Übergangswiderstand zu erzielen.

Empfehlenswert ist es, die Kohlen vor dem Einsetzen galvanisch zu verkupfern, wodurch dieselben eine grössere mechanische Festigkeit, sowie ein gefälligeres Aussehen erhalten und dem Strom einen geringeren Widerstand bieten.

---

[1]) Oder der kleine Hilfsmotor.

Im folgenden seien die Resultate von Versuchen mitgeteilt, die ebenfalls im Leipziger Physikalischen Institut ausgeführt wurden, und welche die Unterschiede des Übergangswiderstandes zwischen verkupferten und unverkupferten Kohlenkontakten, sowie zwischen Kupfer und Kohle angeben. Die Untersuchungen wurden in folgender Weise angestellt.

In den Stromkreis einer Akkumulatoren-Batterie B (Fig. 17) wurde ein Regulierwiderstand R, ein WESTON-Amperemeter A und der Kontaktapparat C eingeschaltet. Derselbe war derartig konstruiert, dass 2 Kohlenstäbe von 25 mm Länge und 20 mm Φ, welche in Messinghülsen eingeklemmt waren, senkrecht zu ihrer Berührungsfläche in Hartgummi-Buchsen geführt wurden.

Durch Aufstellen von Gewichten auf die oberste Kohle konnte die Kontaktfläche verschieden stark belastet werden.

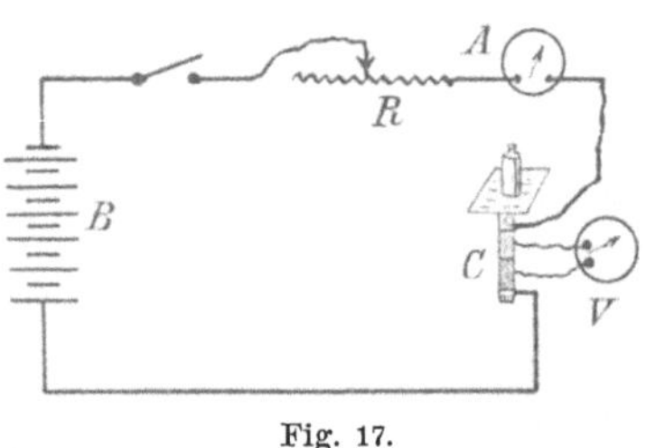

Fig. 17.

Das Eigengewicht der oberen Kohle[1]) einschliesslich ihrer Messinghülse und der Platte zum Auflegen der Gewichte betrug 158 g.

Die Messung des Übergangswiderstandes geschah indirekt durch Beobachtung der Spannung unmittelbar an der Berührungsfläche mittelst eines SIEMENS'schen Präzisions-Voltmeters und der vom WESTON-Amperemeter A angezeigten Stromstärke.

Zunächst wurden zwei unverkupferte Kohlen untersucht; bei verschiedenen Belastungen berechnete sich der Übergangswiderstand zu folgenden Beträgen:

Belastung	Widerstand
Eigengewicht	0,001 30 Ω
100 g	0,001 20 „
200 „	0,001 00 „
500 „	0,000 94 „
1 000 „	0,000 86 „
2 000 „	0,000 73 „
5 000 „	0,000 51 „
10 000 „	0,000 39 „

---

[1]) Die Versuche wurden mit homogenen Bogenlampenkohlen angestellt, welche von der Firma GEBR. SIEMENS-Charlottenburg bezogen waren.

Wurden zwei verkupferte Kohlen eingesetzt, so ergab sich:

Belastung	Widerstand
Eigengewicht	0,00120 Ω
100 g	0,00094 „
200 „	0,00080 „
500 „	0,00061 „
1000 „	0,00048 „
2000 „	0,00031 „
5000 „	0,00019 „
10000 „	0,00016 „

In derselben Weise wurden die Übergangswiderstände zwischen Kohle und einer ebenen, vorher blank geschmirgelten Kupferplatte bestimmt.

Bei einer unverkupferten Kohle gegen Kupfer erhielt man:

Belastung	Widerstand
Eigengewicht	0,0016 Ω
100 g	0,0015 „
200 „	0,0013 „
500 „	0,00099 „
1000 „	0,00093 „
2000 „	0,00080 „
5000 „	0,00060 „
10000 „	0,00046 „

Wurde eine verkupferte Kohle in bezug auf ihren Übergangswiderstand gegen dieselbe Platte untersucht, so wurden bei verschiedener Belastung folgende Werte ermittelt:

Belastung	Widerstand
Eigengewicht	0,0014 Ω
100 g	0,0013 „
200 „	0,00098 „
500 „	0,00090 „
1000 „	0,00069 „
2000 „	0,00060 „
5000 „	0,00041 „
10000 „	0,00030 „

Einen besseren Überblick über die Abnahme des Übergangswiderstandes mit steigender Belastung bei verschiedenen Materialien zeigt die graphische Darstellung in Fig. 18.

Wie hieraus ersichtlich, ist der Widerstand bei den untersuchten Kontakten und bei derselben Belastung durch das Eigengewicht mit 180 g ziemlich gleich.

Bemerkenswert hingegen ist aber die schnellere Abnahme des Übergangswiderstandes bei verkupferten Kontakten, wobei die ver

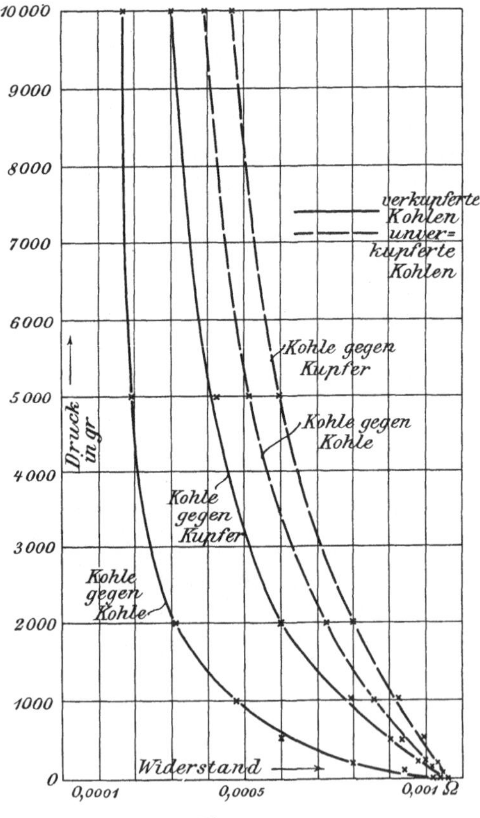

Fig. 18.

kupferte Kohle auch selbst der blanken Kupferplatte gegenüber ausschlaggebend ist, eine Erscheinung, die sich dadurch erklären lässt, dass bei der Verkupferung auch die Poren der Kohle mit fein verteiltem Metall ausgefüllt werden.

Mit steigender Belastung wird dieses zusammengedrückt und hierdurch auch die Kohle selbt besser leitend; gleichzeitig wird auch der Übergangswiderstand zwischen Kohle und Messinghülse infolge innigerer Berührung bei Drucksteigerung vermindert.

Für Anlasserkontakte, die einen Strom von ca. 50 Amp. zu leiten haben, wird in der Regel ein Druck von ca. 4—500 g vorhanden sein; hierbei eignen sich, wie die graphische Darstellung erkennen lässt, verkupferte Kohlen gegeneinander besser als Kohle gegen Kupfer.

Es wird sich daher empfehlen, die Anlasser mit Berührungskontakten lediglich mit Kohle auszurüsten, zumal sich die Widerstandsverhältnisse bei Benutzung von Kupfer gegen Kohle noch bedeutend ungünstiger gestalten werden, sobald die Oberfläche des Metalls bei dauerndem Gebrauch unter Einfluss der Atmosphärilien oxydiert.

Die Strombelastung der Kohle darf man, um ein Glühen derselben zu vermeiden, nicht zu hoch nehmen; Versuche ergaben, dass sich 20 mm starke homogene Kohle bis zu 50 Amp. für Anlasserzwecke verwenden lässt, woraus sich die Strombelastung zu 0,16 Amp. pro 1 qmm berechnet.

Dieser Betrag erscheint nicht zu klein, wenn man berücksichtigt, dass nicht die ganze Kohlenfläche wegen nicht zu vermeidender Unebenheiten, sondern nur ein Drittel bis die Hälfte der Fläche den Stromübergang bildet.

Aus diesem Grunde wird man auch darauf verzichten, bei hohen Stromstärken nur eine Kohle von grossem Durchmesser zu wählen und der besseren Anlage wegen lieber zwei kleinere verwenden, welche zusammen den erforderlichen Querschnitt besitzen.

Werden metallene Schleifkontakte benutzt, so kann die Belastung pro 1 qmm bis zu ca. 0,5 Amp. gesteigert werden, doch lassen sich hierbei allgemein gültige Angaben schwieriger aufstellen, da in erster Linie die Form der Kontakte, ob massiv oder aus Blechen bestehend, massgebend ist.

Schraubenbolzen für Anlasser, welche stromführend sein sollen, werden sich durchschnittlich ungünstiger in bezug auf Belastung stellen.

Eingehendere Versuche hierüber wurden von Ing. Rud. Hellmund,[1] Cannstatt, aufgestellt, und seien in Kürze die hierbei gefundenen wesentlichsten Resultate mitgeteilt.

---

[1] Zeitschrift f. Elektrotechnik 1902, No. 41 u. 42.

Die ungünstigsten Verhältnisse fanden sich bei der in Fig. 19 skizzierten Schraubenverbindung.

Der Strom muss bei derselben, um von dem Bolzen in das Kabel zu gelangen, zunächst durch die Gewindegänge in die Mutter, von da in die Unterlagsscheibe und von hier erst in den Kabelschuh treten, also drei Übergangsflächen passieren.

Da ferner die Verschraubung in der Luft sitzt, findet keine Abgabe der Wärme durch Leitung statt, und es muss die Abkühlung lediglich durch die Oberflächen der Muttern und des Bolzens an die Luft erfolgen.

Die zu den Versuchen verwendeten Schraubenbolzen bestanden

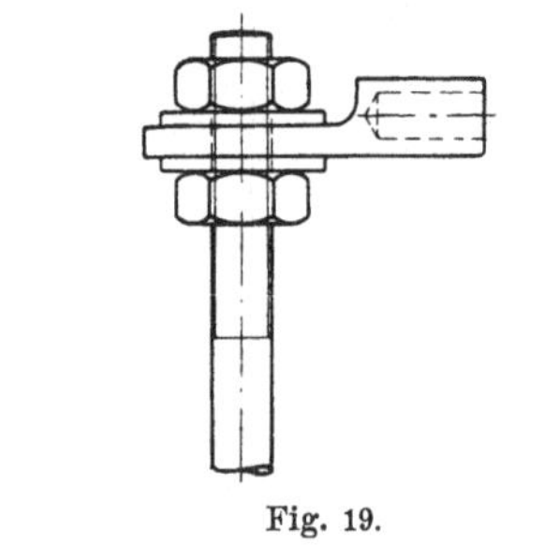

Fig. 19.

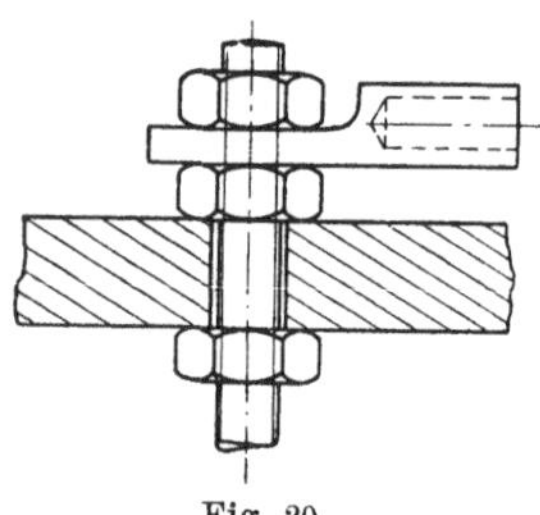

Fig. 20.

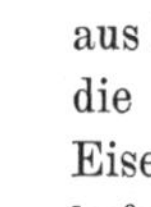

Fig. 21.

aus Kupfer, Messing oder Rotguss, die Scheiben und Muttern aus Eisen. Die günstigsten Verhältnisse befanden sich bei der in Fig. 20 wiedergegebenen, durchweg aus Messing oder Kupfer bestehenden Schraubenverbindung. Der Strom muss hier nur zwei Übergangsflächen passieren; ferner sind die Abkühlungsverhältnisse sehr günstig, da die Wärmeableitung zum Teil durch die Platte erfolgen kann.

Für eine Temperaturerhöhung von 25^0 und bei einer vierfachen Sicherheit berechnet sich der Durchmesser des Schraubenbolzens für Konstruktion nach Fig. 19 zu

$$d = 1{,}48 \sqrt{J}$$

und für Konstruktion nach Fig. 20

$$d = 1{,}125 \sqrt{J}.$$

Es sind demnach, 25^0 Erwärmung vorausgesetzt, für nachfolgende Stromstärken folgende Bolzendurchmesser zu wählen:

Bolzendurchmesser in engl. Zoll	Konstruktion nach Fig. 19 in Amp.	Konstruktion nach Fig. 20 in Amp.
$1/4$	18	30
$5/16$	28	48
$3/8$	40	70
$7/16$	56	95
$1/2$	72	125

Es sei noch erwähnt, dass die vorstehend angegebenen Werte nicht gültig sind für solche Schraubenverbindungen, bei welchen der Strom den Bolzen gar nicht passieren muss, sondern, wie Fig. 21 zeigt, von einem Leiter zum andern übergeht.

In diesem Falle hängt die Erwärmung mehr von der Grösse der Übergangsflächen und den Dimensionen der Leiter ab, und ist es schwierig, allgemein gültige spezifische Belastungen für solche Kontaktflächen anzugeben, da dieselben von speziellen Verhältnissen beeinträchtigt werden, die in jedem einzelnen Falle andere sind.

Es soll daher die Angabe genügen, dass bei einer Belastung von 0,4 Amp. pro Quadratmillimeter und gut aufgepassten und verschraubten Flächen keine unzulässige Erwärmung beobachtet wurde.

g) Leichte Auswechselbarkeit aller der Abnutzung unterworfenen Teile.

An früherer Stelle war bereits der Grundsatz aufgestellt, dass alle Konstruktionen gerade bei Fahrstuhlanlagen darauf gerichtet sein sollen, jede auch die geringste Betriebsstörung zu vermeiden.

In ganz besonderem Maſse muss man daher bestrebt sein, trotzdem eingetretene Störungen möglichst leicht und sofort beseitigen zu können, damit der Aufzug dem Betriebe schnell wieder übergeben werden kann und jedem nur zu leicht entstehenden Tadel des Publikums die Begründung entzogen wird.

Derjenige Teil, der am leichtesten Störungen verursacht, ist entschieden der Anlasser, und können dieselben in dem natürlichen Verschleiss der Kontakte in erster Linie zu suchen sein.

Es ist daher auf eine leichte und sofortige Auswechselbarkeit der schadhaften Teile von vornherein Rücksicht zu nehmen; ferner muss ein schnelles und einfaches Ersetzen etwa durchgebrannter Widerstandsspiralen vorgesehen sein.

Es ist daher empfehlenswert, den ganzen Draht eines Anlassers von gleichem Querschnitte und die einzelnen Spiralen von gleichem Widerstande zu nehmen, so dass nur eine Art von Reservespiralen vorhanden zu sein braucht, die in jede Widerstandsstufe passen.

Alle Sicherungen sind ausserdem möglichst kräftig zu wählen, um von dieser Seite aus gegen Betriebsunterbrechungen geschützt zu sein, und empfiehlt es sich, mindestens den dreifachen normalen Strom als Abschmelzstromstärke zu nehmen.

Infolge von längerem Gebrauch[1] nutzen sich bei Berührungskontakten die Kohlenflächen ab und zwar an den einzelnen Stufen verschieden stark; es sind die Fassungen der Kohlenstücke daher derartig zu konstruieren, dass auch von ungeübter Hand eine sichere Auswechselung vorgenommen werden kann.

Schwieriger gestalten sich diese Verhältnisse bei metallenen Schleifkontakten, wenn dieselben durch das Funken stark eingebrannt und daher reparaturbedürftig sind. Hier kann in den seltensten Fällen eine Beseitigung des Schadens an Ort und Stelle vorgenommen, und es muss die Kontaktplatte zum Abhobeln nach der Fabrik geschafft werden.

Das Einsetzen einer Reserveplatte mit ihren zahlreichen Drahtanschlüssen wird lediglich von Monteuren auszuführen sein, und der Aufzug wird hierbei längere Zeit ausser Betrieb gesetzt werden müssen.

In gleicher Weise werden die Hub- und Bremsmagnete so zu konstruieren sein, dass die etwa schadhaft gewordene Wickelung schnell durch Reservespulen ersetzt werden kann; dasselbe gilt von dem Anker der Hilfsmotore, die bekanntlich leicht zum Durchbrennen neigen.

Ausserdem sind die Reguliervorrichtungen für die Anlassdauer des öfteren einer Kontrolle zu unterziehen. Luftpuffer werden nach längerem Gebrauch leicht undicht, wodurch die Einschaltezeit zu kurz und die Stromstösse stärker werden, so dass infolgedessen die Sicherungen leicht durchschmelzen.

Man kann diesem Übelstande aber in einfacher Weise abhelfen, indem man die Luftzylinder von Zeit zu Zeit ölt, wodurch die entsprechende Dichtung wieder hergestellt wird.

---

[1] Im allgemeinen werden Kohlenkontakte erst nach ca. 80000 bis 100000 Fahrten auszuwechseln sein.

Bei Glyzerindämpfung ist wegen Verharzung der Flüssigkeit dieselbe öfter zu ersetzen.

Bei allen anderen Teilen des Anlassers werden im übrigen geringe Abnutzung und wenig Reparaturen auftreten, wenn jene möglichst solide und widerstandsfähig ausgeführt sind.

Allerdings stellt der Aufzugsbetrieb wegen des häufigen täglichen Aus- und Einschaltens, ausserdem bei ziemlich derber Behandlung von seiten unkundigen Personals an die Widerstandsfähigkeit und Güte des verwendeten Materials die weitgehendsten Ansprüche.

h) Stromwender und Stromschliesser.

Bei den älteren Anlasserkonstruktionen für Druckknopfsteuerung war es üblich, wie es bei gewöhnlichen Anlassern heute noch der Fall ist, das Schliessen und Unterbrechen des Stromes durch den Kontakthebel zu bewirken.

Um einen grossen Öffnungsfunken zu vermeiden, ist demnach eine beträchliche Anzahl von Vorstufen erforderlich, mithin auch eine Vergrösserung der Kontaktzahl, welche wiederum eine Verlängerung des Hubes und der Einschaltdauer bedingt.

Um ein exaktes Ausschalten des Motorstromes, demnach auch ein genaues Einfahren der Kabine zu erzielen, wird die Stromunterbrechung in neuerer Zeit nicht durch den Anlasser selbst, sondern durch einen besonderen Ausschalter bewirkt.

Zweckmässig ist es, jenen Ausschalter gleichzeitig mit den Kontakten für die automatische Umsteuerung des Motors zu kombinieren, so dass Stromschliesser und -Wender in konstruktiver Beziehung ein organisches Ganze bilden.

Sobald ein Druckknopf betätigt wurde, ist die Einrichtung derart zu treffen, dass zunächst der Umschalter für die Fahrtrichtung sich stellt und dann erst der Motorstrom geschlossen wird.

Erreicht der Fahrkorb die gewünschte Haltestelle, so wird der Stromkreis desjenigen Magneten, durch dessen Anziehung der Motor eingeschaltet wurde, mittelst des „Etagenschalters" unterbrochen, der Stromschliesser durch Federkraft in seine Mittelstellung zurückgeworfen und so der Aufzugsmotor vom Netz getrennt.

Wegen der hohen Stromstärken, bei denen häufig ausgeschaltet wird, sind fast sämtliche Ausführungen der Schalter mit Kohlenkontakten ausgerüstet, von denen die feststehenden Teile in der Regel federnd angeordnet sind.

Da infolge des sich bildenden Lichtbogens der Strom nur allmählich unterbrochen wird, so entstehen hierdurch gewisse Übelstände, wie das unliebsame Nachlaufen des Motors und stärkere Abnutzung der Kontakte. Man ist daher bemüht, da sich der Öffnungsfunken nicht beseitigen lässt, die Dauer desselben auf die kürzeste Zeit zu beschränken.

Es lässt sich dies entweder durch magnetische Funkenlöschung oder mechanisch durch eine grosse Ausschaltgeschwindigkeit erreichen, die allerdings konstruktiv bei den normalen Aufzugsanlagen eine Abreisslänge von mindestens 100 mm bedingt.

Die letzterwähnte Konstruktion bietet den Vorteil, dass die Unterbrechung des Stromes nicht allzu plötzlich entsteht, wodurch die schädliche Wirkung der Selbstinduktion beseitigt wird, indem sich die Spannung derselben allmählich in dem immer grösser werdenden Widerstande des Flammenbogens ausgleichen kann, so dass die Wickelung der Motore gegen Durchschlagen genügend geschützt ist. Bei Benutzung einer elektromagnetischen Funkenlöschung ist es daher zu empfehlen, sogenannte Schutzspulen zu verwenden.

Dieselben wurden zuerst von der A. E.-G. vorgeschlagen und bestehen aus zickzackförmig aufgewickelten Widerständen, welche demnach eine geringe Selbstinduktion besitzen und parallel zu der Ankerwickelung gelegt werden.

Die beim plötzlichen Ausschalten und bei schneller Beseitigung des Öffnungsfunkens infolge magnetischen Ausblasens entstehende hohe Spannung der Selbstinduktion kann sich jetzt in diesen Drähten ausgleichen, wodurch die Schenkelwickelung vor Durchschlagen gesichert wird.

Da der Flammenbogen infolge der Wärmewirkung stets nach oben steigt, so ist bei allen Kontakten die Stromunterbrechung in einer horizontalen Ebene vorzunehmen; liegen die Kontakte übereinander, so reisst der Funken bedeutend schlechter ab, und es ist daher die Ausschaltlänge auf den 1,5 fachen Betrag zu vergrössern, welcher nötig wäre, wenn die Schalter wagerecht liegen würden.

Ausserdem werden die übereinander stehenden Kontakte sehr unter der entwickelten Wärme zu leiden haben, weshalb man eine derartige Anordnung stets vermeiden sollte.

Bei Drehstromanlagen braucht man in dieser Beziehung nicht so vorsichtig zu sein, da der seine Richtung stets wechselnde Strom

in bedeutend geringerem Mafse die Neigung besitzt, an den Kontaktflächen beim Ausschalten Funken zu ziehen, so dass hier die Hälfte
bis $1/_3$ der für Gleichstrom unbedingt erforderlichen Abreisslänge genügt.

Empfehlenswert ist es, wie es von der Firma Carl Flohr in
Berlin geschieht, den Schalthebel sich auf einer kreisförmigen Bahn
bewegen zu lassen.

Durch zwei Elektromagnete, die der gewünschten Fahrtrichtung
entsprechen, kann der Hebel nach rechts oder links hinübergezogen
werden und so den Stromschluss bewirken.

Soll der Aufzug anhalten, so unterbricht die Steuerung den
Strom in den Solenoiden, und es wird der Schalter durch Federkraft
in die Mittelstellung gezogen, demnach der Motor ausgeschaltet.

Auf diese Weise lässt
sich auch sehr leicht eine
Stromwendung konstruieren,
die für Auf- und Abfahrt
erforderlich ist.

Im allgemeinen kann
man Nebenschlussmotore auf
zwei Arten umsteuern:[1]) entweder wird die Stromrich-
tung nur im Anker geändert,
oder es wird das Magnetfeld
kommutiert.

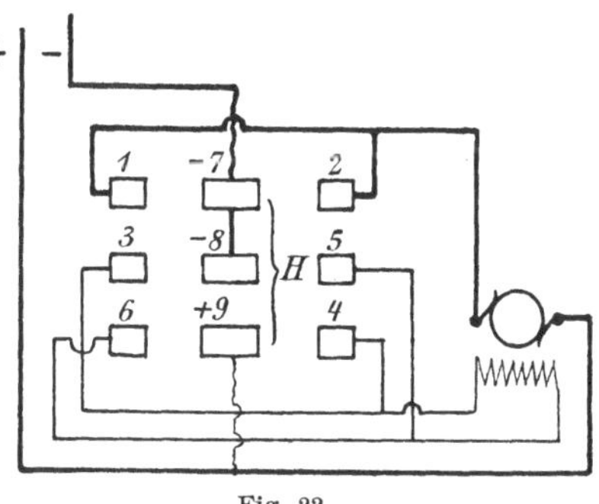

Fig. 22.

Beide Methoden sind im Aufzugsbau beliebt; am häufigsten
wird aber der Strom in den Schenkeln des Motors gewendet, wenn
Auf- oder Abfahrt erzielt werden soll.

Die in Fig. 22 dargestellte Umschaltung besteht aus Stromwender und -Schliesser, indem ein beweglicher Hebel H je nach der
gewünschten Fahrtrichtung die rechte oder linke Kontaktreihe berührt. Die Kohlen 1 und 2 führen den Ankerstrom, während die
Kohlen 3, 4, 5 und 6, die kreuzweis verbunden sind, an die Magnetwickelung angeschlossen werden und zur Umsteuerung dienen.

Von den 3 Kohlen des beweglichen Hebels H ist die Kohle 7
mit 8 verbunden, welche ebenso wie 9 direkt am Netz liegen.

Die Einrichtung ist nun derartig getroffen, dass das magnetische
Feld des Motors eher erregt wird, bevor der Anker Strom erhält,

---

[1]) Bei Drehstommotoren erfolgt die Umsteuerung durch Vertauschen
zweier Ständeranschlüsse.

indem die Kohlenkontakte für die Erregung etwas länger gewählt werden, so dass dieselben beim Umklappen des Hebels zuerst in Berührung treten.

Eine andere Ausführungsform, welche Fig. 23 schematisch zeigt, rührt von der bekannten Aufzugsfirma A. Stigler in Mailand her.

Zwei Elektromagnete A und B, welche je nach der gewünschten Fahrtrichtung bei Druck des betreffenden Knopfes erregt werden, verstellen einen Hebel C, der eine in Führungsschienen L laufende Kontaktstange nach rechts oder links horizontal verschiebt, wodurch die Kontakte E oder D, je nachdem ob sie G oder F berühren, den Ankerstrom schliessen.

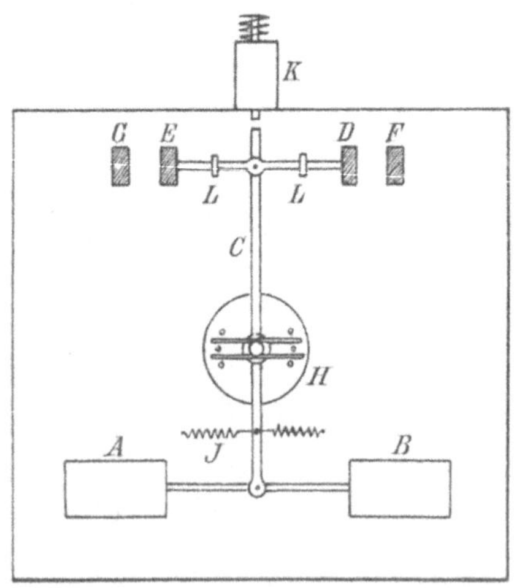

Fig. 23.

Im Drehpunkt der Stange C ist ein Umschalter H angebracht, welcher das Magnetfeld des Motors, je nachdem ob C nach rechts oder links gezogen wurde, kommutiert und somit die Fahrtrichtung bestimmt.

Gleichzeitig ist noch eine Arretiervorrichtung K vorgesehen, indem ein durch Federkraft nach oben gedrückter Bolzen elektromagnetisch nach unten gezogen wird und so lange ein eventuelles Umsteuern des Motors verhindert, wie der Ankerstrom fliesst.

Ist der Aufzug an der Haltestelle angelangt, so wird der Strom in den Magneten A oder B unterbrochen und der Hebel C fliegt durch die Federn bei J in die Mittelstellung zurück, wodurch der Motorstrom selbsttätig ausgeschaltet und der Fahrstuhl rechtzeitig zum Stillstand kommt.

Die Stromwender und -Schliesser der übrigen Aufzugsfirmen lehnen sich alle mehr oder minder an die beschriebenen Ausführungen an, so dass sich ein weiteres Eingehen auf prinzipielle Unterschiede wohl erübrigt.

Ausführung moderner Selbstanlasser verschiedener Firmen.

1. Die Anlasser der A. E.-G.

Der in Fig. 24 abgebildete Anlasser der A. E.-G. ist zunächst
für mechanische Steuerung konstruiert.

Fig. 24.

Man kann denselben jedoch ohne weiteres für Druckknopfsteuerung benutzen, wenn ein Hilfsmotor zur Anwendung kommt;
direkte Selbstanlasser mit Hubmagnet oder Zentrifugalkraftein-
schaltung werden von genannter Firma zur Zeit nicht hergestellt.

Die obenerwähnten Apparate werden für Dreh- und Gleichstrom bis zu einer Spannung von 500 Volt geliefert und zeichnen sich durch besonders gedrungene Konstruktion aus.

Die Dauer der Anlassperiode wird durch ein an dem Widerstandsgehäuse angebrachtes Laufwerk mit Windflügeln geregelt.

Für das Wechseln der Drehrichtung des Motors ist an dem Gehäuse ein Stromwender S befestigt (Fig. 25), welcher durch eine auf der Steuerwelle aufgekeilte Scheibe P betätigt wird, und zwar ist die Einrichtung derartig getroffen, dass zuerst der Stromwender

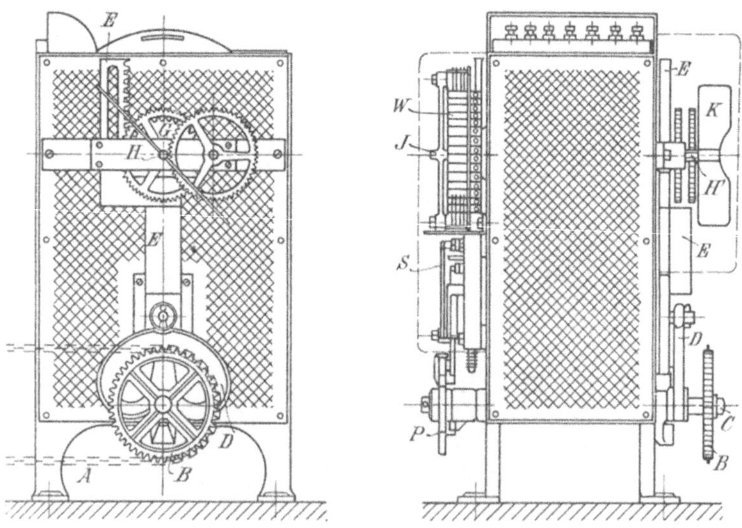

Fig. 25.

gestellt und dann erst infolge hinreichend toten Ganges der Steuerscheibe der Ankerstrom später geschlossen wird.

Die Wirkungsweise ist nun folgende: Entsprechend der Drehrichtung des Hilfsmotors wird die Steuerwelle C nach der einen oder anderen Seite um 150° umgelegt.

Hierdurch wird zunächst mittelst der auf dieser Welle sitzenden Steuerscheibe P der Stromwender mitgenommen und in einer der gewünschten Fahrtrichtung entsprechenden Weise verstellt.

Gleichzeitig nimmt auch die auf derselben Welle sitzende exzentrische Scheibe D, auf welcher in einer Rast das Gleitstück E

ruht, an der Drehung teil, so dass dieses, sobald es frei geworden, durch sein Eigengewicht herabsinken kann.

Das obere Ende von E, welches als Zahnstange ausgebildet ist, greift hierbei in die Zähne eines Zahnrades G ein. Letzteres trägt auf seiner Achse den Bürstenhalter J, dessen Bürsten, auf den Kontakten W schleifend, das Aus- und Einschalten des Widerstandes bewirken.

Fig. 26.

Von dieser Achse aus wird ferner noch mittelst doppelter Zahnradübersetzung aus dem Langsamen in das Schnelle der Windflügel K angetrieben, wobei der letzte Trieb H' am Windflügel selbst sitzt.

Die Windfänge werden beim Herabsinken des Gleitstückes E demnach in schnelle Rotation versetzt und regeln infolge des zu überwindenden Luftwiderstandes, der naturgemäss mit steigender Geschwindigkeit wächst, die Bewegung des herabsinkenden Gewichtes E, gleichzeitig aber auch die Umdrehungsgeschwindigkeit der Achse mit dem Bürstenhalter J, welcher sich um eine kollektorartig angeordnete Widerstands-Kontaktbahn bewegt und dabei die einzelnen Stufen langsam ausschaltet.

Fig. 26 zeigt eine Ansicht der erwähnten Hemmvorrichtung, aus der sich die Wirkungsweise leicht erkennen lässt.

Ganz analog ist die Einrichtung bei Drehstromanlassern getroffen, nur mit dem Unterschiede, dass 3 Bürstenhalter vorgesehen sind, an welche die von den Schleifringen des Motors kommenden Leitungen angeschlossen werden (Fig. 27).

Fig. 27.

Die Stromwendung geschieht hier durch die bekannte Vertauschung zweier Phasen.

Das Ausschalten bei beiden Anlassertypen erfolgt dadurch, dass der Hilfsmotor in entgegengesetzter Richtung Strom bekommt, demnach seinen Drehsinn ändert und hierdurch das Gleitstück E und die Bürsten J in ihre ursprüngliche Lage zurückbringt (vgl. Fig. 25.)

Damit das Ausschalten beliebig schnell vor sich gehen kann, ist zwischen Windflügel *K* und der Achse des Bürstenhalters *J* ein Sperrrad mit Klinke angeordnet, so dass ersterer beim Ausschalten ausser Tätigkeit tritt, demnach das Gewicht *E* schnell gehoben werden kann.

Die nachfolgende Fig. 28 zeigt den Stromverlauf im Motor und Anlasser bei einer Gleichstromanlage.

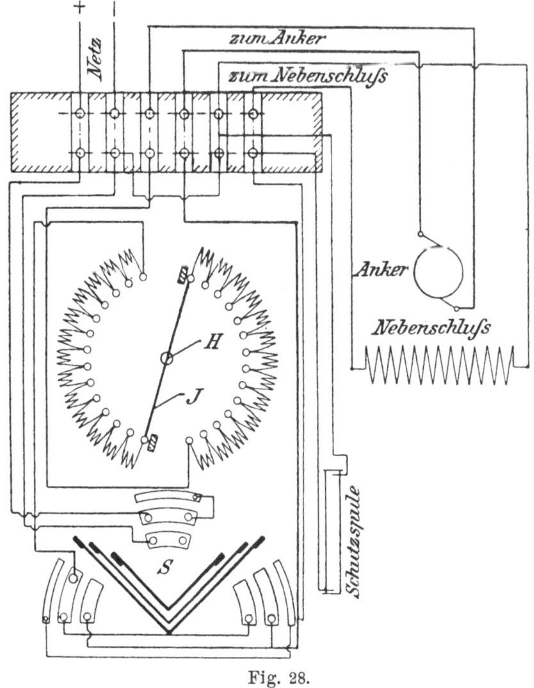

Fig. 28.

Der Sicherheit halber ist, um das Durchschlagen der Feldmagnetwickelung infolge der elektromotorischen Kraft der Selbstinduktion zu verhüten, parallel zur Nebenschlusswickelung eine Schutzspule geschaltet, in der sich die hohe Spannung, ohne Schaden anzurichten, ausgleichen kann.

Ein Schaltungsschema für einen Drehstromanlasser zeigt Fig. 29, aus dem sich die Stromwendung und die übrigen Einzelheiten ohne weiteres ergeben.

5*

2. Selbstanlasser der E. A.-G. vormals Schuckert & Co.

Für Druckknopfsteuerung baut die genannte Firma sowohl Anlasser, die durch einen Hilfsmotor bedient werden, sowie auch in neuester Zeit solche, bei denen das Einschalten der Widerstandsstufen durch Hubmagnete erfolgt.

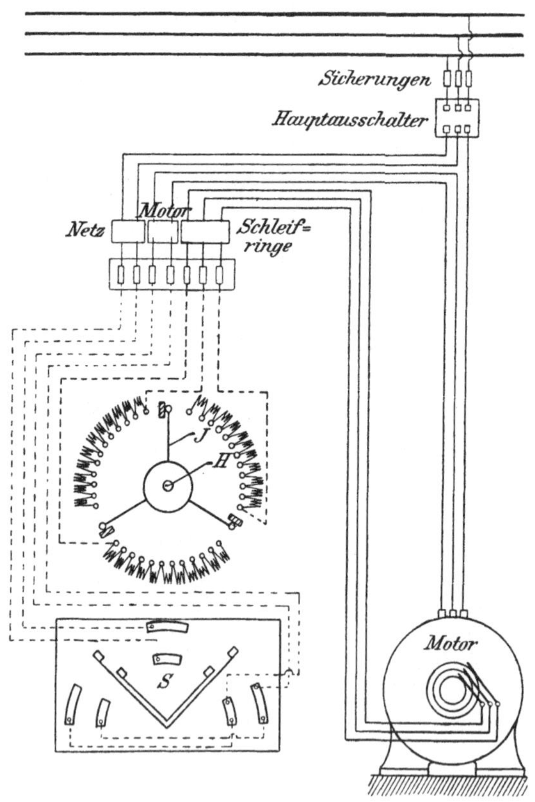

Fig. 29.

Eine sehr geschickte Durchbildung nach dem ersteren Prinzip zeigt nebenstehende Fig. 30.

Hier ist der Hilfsmotor direkt mit dem Anlasshebel durch ein Schneckenvorgelege gekuppelt, so dass die Bewegung desselben zwangsläufig von derjenigen des kleinen Motors abhängt.

Diese Einrichtung ist speziell für automatisch arbeitende Pumpenanlagen eingeführt, sie lässt sich aber auch ohne Bedenken vorteilhaft bei kleineren Aufzugsbetrieben verwenden.

Der Hilfsmotor erhält dann durch die Druckknopfleitung beim Schliessen derselben Strom, setzt sich in Gang und schaltet sich selbsttätig aus, sobald der Anlasshebel den Kurzschlusskontakt berührt.

Erreicht der Fahrkorb die gewünschte Haltestelle, so bekommt kurz vor derselben durch die Steuerungsleitung der Hilfsmotor in

Fig. 30.

entgegengesetzter Richtung Strom, so dass der Anlasshebel schnell in die Ruhelage zurückgedreht wird und beim Übergang auf das Ausschaltestück den Aufzugsmotor vom Netz abtrennt, gleichzeitig aber auch den kleinen Steuermotor ausschaltet.

Diese Ausführungsform wird im allgemeinen nur bei Anlagen in Betracht kommen, welche wenig benutzt werden, wie es z. B. in Villen und Wohnhäusern zu erwarten ist.

Liegt aber eine stärkere Inanspruchnahme des Fahrstuhles vor, so wird es empfehlenswerter sein, den in Fig. 31 mit Kohlenkontakten ausgerüsteten Anlasser zu bevorzugen.

Hierbei erfolgt das Anlassen des die Windentrommel treibenden Aufzugsmotors wiederum durch einen besonderen Hilfsmotor, welcher durch die Druckknopfleitung in bekannter Weise zuerst eingeschaltet wird.

Eine sogenannte Schaltstange S (Fig. 31), welche noch mit Gewichten G beschwert ist, wird durch eine Kurbel gehoben und kann herabsinken, wenn letztere nach der einen oder anderen Richtung umgedreht wird.

Der Antrieb dieser Kurbelwelle erfolgt durch den erwähnten umsteuerbaren Hilfsmotor, wodurch gleichzeitig die Stromwendung betätigt wird.

An der vorderen Wand des Anlassers liegen in 2 Reihen übereinander die Kohlenkontakte H, die sich aus beigefügter Abbildung deutlich erkennen lassen.

Die genannte Schaltstange S besitzt je nach der Anzahl der Widerstandsstufen auf jeder Seite eine Reihe von Nasen, welche so angeordnet sind, dass beim Herabgleiten von S die erwähnten Hebel H ausgelöst und durch Federkraft an ihre Gegenkontakte gedrückt werden, wodurch die Abschaltung der Widerstandsstufen nacheinander erfolgt.

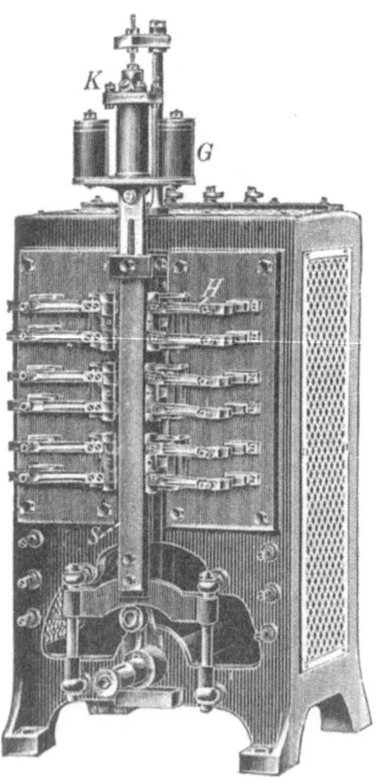

Fig. 31.

Der in Fig. 31 abgebildete Anlasser zeigt sich in ausgeschalteter Stellung; es haben hierbei die Nasen auf der Schaltstange die Kontakthebel H von ihrer Auflagefläche abgehoben, so dass der ganze Widerstand vor den Anker gelegt ist.

Nebenstehende Fig. 32 stellt die Rückseite eines Anlassers für Drehstrommotore dar, und ist auf der Abbildung die Stromwendung deutlich zu erkennen.

Die Dämpfung der Einschaltebewegung geschieht bei diesen Apparaten mittelst eines Glyzerin-Kataraktes K, durch den sich die Geschwindigkeit des herabsinkenden Gewichtes, mithin auch die Dauer der Anlassperiode regulieren lässt.

Fig. 32.

Den neuesten Repräsentant von Selbstanlassern der Schuckert-Gesellschaft, der speziell für Aufzüge mit Druckknopfsteuerung konstruiert ist, zeigt Fig. 33.

Hierbei ist der Hilfsmotor, welcher zur Erhöhung der Betriebssicherheit auf keinen Fall beiträgt, ganz beseitigt, und es erfolgt die Bewegung der Schaltstange durch einen auf der Abbildung nicht ersichtlichen Hubmagnet, welcher im Innern des Apparates angebracht ist.

Das Einschalten, sowie die Kommutierung des Stromes geschieht elektromagnetisch durch zwei Solenoide, die je nach der gewünschten Fahrtrichtung einen mit Kohlenkontakten versehenen Umschaltehebel nach rechts oder links zur Anlage bringen, und so Umsteuerung des Motors und Schliessen des Hauptstromes bewirken.

Fig. 33.

Ausserdem ist noch eine magnetische Funkenlöschung vorgesehen, um die Dauer des Öffnungsfunkens möglichst zu beschränken. Damit eventuelle Kurzschlüsse durch den sich trotzdem noch bildenden Flammenbogen vermieden werden, ist die Unterbrechungsstelle mit marmornen Schutztafeln umkleidet.

Beim Umklappen des Schalthebels erhält gleichzeitig auch der Hubmagnet Strom, wodurch eine wiederum mit Nasen versehene Schaltstange nach unten gezogen wird und ebenso wie bei den früher beschriebenen Typen die Kohlenkontakte nacheinander zur Anlage kommen und der Widerstand sich stufenweise ausschaltet.

Wird der Strom des Hubmagneten durch Zurückschnellen des Umschalters in die Mittelstellung unterbrochen, so drückt eine im Innern des Anlassers untergebrachte starke Feder mittelst Hebelübersetzung die Kontaktstange nach aufwärts, wodurch der Anlasswiderstand vor den Anker gelegt wird.

Die Bewegung der Schaltstange wird durch einen Luftzylinder gedämpft, der mit einer Stellschraube versehen ist, so dass sich demnach die Menge der austretenden Luft, mithin auch die Anlassperiode, innerhalb bestimmter Grenzen leicht regulieren lässt.

Die Widerstandsspiralen sind in einem besonderen, seitwärts aufgestellten Kasten untergebracht, und ist für eine energische Luftzirkulation infolge nicht zu engen Zusammenbaues der Spulen Sorge getragen.

Dieselbe Einrichtung lässt sich naturgemäss auch für Drehstrommotore treffen; es ist nur in diesem Falle der Hubmagnet durch einen Wechselstrommagneten oder Bremsmotor zu ersetzen und die Zahl der Widerstandskontakte entsprechend zu erhöhen.

An Stelle der Kommutierung des Magnetfeldes werden dann die beiden Anschlüsse zweier Phasen zu vertauschen sein, was gleichfalls durch den nach rechts oder links umklappenden Schalthebel geschehen kann.

Selbstverständlich fällt bei Drehstrom die magnetische Funkenlöschung fort wegen der nur geringen Intensität des Öffnungsfunkens; im übrigen ist die sonstige konstruktive Ausführung die analoge wie bei den bereits beschriebenen Gleichstromanlassern.

3. Die Selbstanlasser der Firma Carl Flohr, Berlin N.

Es werden hier zunächst zwei Klassen von Anlassern hinsichtlich des Widerstandsmaterials hergestellt, nämlich solche, bei denen dasselbe aus Graphitpulver oder aus Rheotandrähten besteht.

Eine Ausführungsform der ersten Art ist in Fig. 34 zur Darstellung[1]) gebracht.

Auf der Steuerwelle S sitzen zwei Hebel H, die durch Gegengewichte ausbalanciert sind und sich entsprechend langsam durch die in dem Kasten K befindliche Graphitmischung bewegen.

---

[1]) Die Figur zeigt den Anlasserkasten von oben gesehen im eingeschalteten Zustande.

In das Graphitpulver tauchen noch zwei gebogene gusseiserne Stücke G, welche, sobald die Hebel H dieselben berühren, den Kurzschluss bilden.

Ein zweiter Kontaktarm A ist derartig konstruiert, dass er

Fig. 34.

bei entsprechender Bewegung der Steuerwelle S zuerst sich auf seinen Gegenkontakt B legen kann, der isoliert am Anlasserkasten befestigt ist.

Berührt jetzt A den Kontakt bei B, so wird hierdurch die Magnetwickelung des Motors an das Netz angeschlossen, und die fernere

Einrichtung ist derartig getroffen, dass jetzt erst die Hebel H mit der Graphitfüllung in Berührung treten können.

Um unliebsame Nebenschlüsse, welche durch Herumfliegen des Pulvers beim Ausschalten des Anlassers leicht hervorgerufen werden können, zu vermeiden, ist der Kasten K zwecks Isolation innen emailliert und mit Asbest[1]) ausgeklebt; ebenso ist die Steuerwelle S in demselben isoliert gelagert.

Die Ausschaltung des Anlasswiderstandes geschieht, indem ein schweres Gewicht mittelst einer Zahnstange die Drehung der Welle S hervorruft und somit die Kontakthebel H durch die Graphitmischung bis zum Kurzschluss bewegt.

Der Motorstrom wird dadurch unterbrochen, dass die genannten Arme H aus dem Widerstandsmaterial herausgezogen werden, und sind die ersteren derartig massiv konstruiert, dass sie durch den sich bildenden Öffnungsfunken nur wenig angegriffen werden und demnach sehr lange betriebsfähig bleiben.

Ein grosser Vorteil dieser Konstruktion besteht darin, dass ein und derselbe Apparat je nach dem Widerstande der benutzten Graphitfüllung sich für 600 Volt ebensogut wie bei 65 Volt verwenden lässt.

Bei Drehstromanlassern ist der Widerstandskasten durch Zwischenwände in 3 Teile geteilt; in jedem derselben bewegt sich ein Kontakthebel; der Kurzschluss ist in derselben Weise, wie bei Gleichstrom beschrieben, ausgebildet.

Die Regelung der Einschaltgeschwindigkeit erfolgt in neuerer Zeit durch die auf S. 29 ausführlicher erwähnte Schleuderbremse; die in Fig. 34 dargestellte Ausführungsform zeigt noch die ältere Hemmvorrichtung mittelst Pendelwerk.

Bei mechanischer Steuerung hat der Führer, um ein Halten der Kabine zu bewirken, durch Ziehen des Steuerseiles die Welle S in ihre Anfangslage zu bringen, wodurch die Kontakthebel H aus der Graphitmischung herausbewegt und das Einschaltegewicht wieder gehoben werden.

Bei Druckknopfsteuerung sind diese Funktionen elektromagnetisch auszuführen.

---

[1]) In derselben Weise ist der Deckel, welcher der Deutlichkeit halber in der Abbildung fortgelassen ist, geschützt.

Zu diesem Zweck wird ein Hubmagnet H (Fig. 35) verwendet, der die Aufgabe hat, das Gewicht G freizugeben, so dass dasselbe

Fig. 35.

heruntersinken kann und hierdurch der Widerstand ausgeschaltet wird.

Eine auf der Abbildung nicht sichtbare Feder, deren Spannkraft durch den Magneten H überwunden werden muss, bewirkt, dass das Gewicht G hochgezogen wird, sobald der Strom in der Magnetleitung unterbrochen, demnach der Aufzugsmotor ausgeschaltet werden soll.

Die Stromunterbrechung wird also durch den Anlasshebel selbst vollzogen.

Die Stromwendung geschieht, um Auf- und Abfahren zu erzielen, in folgender Weise:

Den Hebel A ist um O drehbar gelagert und wird durch die Elektromagnete B oder C in die eine oder andere Richtung gezogen, wodurch in bekannter Ausführung der Strom in der Schenkelwickelung des Motors kommutiert wird.

Durch die Kontakte E wird der Hubmagnet an das Netz geschlossen, und ist die Einrichtung derartig getroffen, dass erst die Schenkel des Aufzugsmotors im entsprechenden Sinne magnetisiert werden, bevor der Hubmagnet, demnach auch durch diesen der Ankerstrom, eingeschaltet wird.

Diese Steuerung hat sich im allgemeinen recht gut bewährt, wird aber in neuester Zeit durch den in Fig. 36 dargestellten, mit Drahtwiderständen ausgerüsteten Anlasser, der den modernsten Erfahrungen entsprechend konstruiert wurde, vorteilhaft ersetzt.

Speziell wird sich die Einführung dieses Anlassers überall da empfehlen, wo ausserordentlich hohe Ansprüche an die Benutzung des Aufzuges, wie z. B. in Waren- und Geschäftshäusern, gestellt werden.

Als Widerstandsmaterial werden hierbei, wie bereits erwähnt, Rheotandrahtspiralen verwendet, welche in dem gusseisernen Kasten A, der mit perforiertem Blech abgedeckt ist, untergebracht sind.

Die Kontakte der einzelnen Widerstandsstufen bestehen aus verkupferten Kohlen B und sind als Berührungskontakte ausgebildet. Der ganze bis zur erfolgten Kurzschliessung erforderliche Hub beträgt hierbei für einen 7,5 pferdigen Motor ca. 15 mm.

Die Einrichtung ist derart getroffen, dass das Eigengewicht des Hubmagnetkerns K, dessen Zug nach unten noch durch die Feder F verstärkt wird, mittelst Hebelübersetzung H die Traverse T im ausgeschalteten Zustande zurückziehen kann, demnach die Widerstandsstufen vor den Anker legt.

Wird der Hubmagnet J erregt, so zieht derselbe seinen Kern K an und drückt die Feder F zusammen.

Der Kopf des Kernes K besitzt einen seinem Hube entsprechenden Schlitz S, so dass jetzt die zweite Feder C die Traverse B gegen

Fig. 36.

die federnden, auf der Marmorplatte B angebrachten Gegenkontakte drücken kann.

Die Bewegung von T wird aber durch den Luftpuffer L gedämpft, der durch entsprechende Hebelübersetzung betätigt wird.

Die einzelnen federnd angebrachten Kohlen B besitzen verschiedene Länge, und zwar derartig, dass die erste Widerstandsstufe den längsten, der Kurzschluss den hürzesten Kontakt besitzt.

Mit Hilfe einer Regulierschraube am Luftpuffer L kann die Menge der ausströmenden Luft reguliert werden; demnach ist man also imstande, die Anlassdauer der betreffenden Maximalbelastung entsprechend einzustellen.

Die Wickelung[1]) des Hubmagneten J ist noch darin besonders gekennzeichnet, dass sie aus einer Hauptstrom- und Nebenschlussspule besteht.

Man vermeidet somit, wie bereits früher erwähnt, bei der „leichten" Fahrt das Herunterfallen des Kernes K, wodurch die Widerstände teilweise wieder eingeschaltet werden, und der Motor infolgedessen unregelmässig läuft.

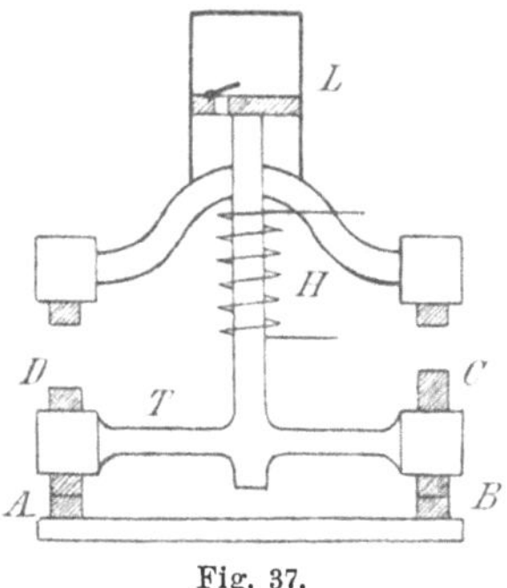

Fig. 37.

Die Umsteuerung und das Ein- und Ausschalten des letzteren wird durch einen besonderen, mit dem Anlasser direkt zusammengebauten sogenannten Umschaltemagneten U erreicht.

Prinzipiell besteht derselbe wiederum aus 2 Elektromagneten, von denen der eine bei Auffahrt, der andere bei Abfahrt erregt wird, und die durch Hebelübersetzung den drehbaren Schalthebel S bei V oder W zur Anlage bringen, wodurch in bekannter Weise Umsteuerung sowie Stromschliessung erzielt wird.

Die Ausschaltung des Ankerstromes geschieht dadurch, dass der Strom in dem Umschaltemagneten durch die Steuerung unterbrochen wird, so dass derselbe durch Federkraft in seine Mittelstellung schnellt und den Motor vom Netz trennt. Gleichzeitig wird auch der Hubmagnet J stromlos, und die Feder F schiebt die Traverse T wieder in ihre Anfangsstellung zurück.

Für kleinere Motoren von ca. 1 PS., wie sie speziell bei Speisen- und Aktenaufzügen zur Verwendung kommen, benutzt die genannte Firma eine besondere Anlassvorrichtung, die in Fig. 37 abgebildet ist.

---

[1]) D. R.-P.

Im ausgeschalteten Zustande sinkt die Traverse T infolge ihres Gewichtes nach unten und schliesst durch die beiden Kontakte A und B die Druckknopfleitung.

Wird nun ein beliebiger Etagenknopf gedrückt, so wird mittelst eines besonderen Stockwerkschalters ein neuer Stromkreis geschlossen, wodurch der betreffenden Fahrtrichtung entsprechend die Feldmagnete erregt werden, gleichzeitig auch der im Nebenschluss liegende Hubmagnet H Strom bekommt.

Infolgedessen wird die Traverse T nach oben gezogen, aber ihre Bewegung durch den Luftpuffer L gedämpft, so dass die Kontakte C und D, die federnd angeordnet sind, nacheinander zur Anlage kommen, mithin den Anlasswiderstand stufenweise einschalten.

Da während der Fahrt die Traverse T angezogen ist, sind die Kontakte bei A und B unterbrochen; mithin ist, weil letztere in dem Stromkreise der Druckknopfleitung liegen, dieselbe während der Bewegung des Aufzuges abgestellt, so dass die einmal gestöpselte Richtung durch zufälliges Drücken eines Knopfes in einer anderen Etage nicht beeinträchtigt werden kann.

4. Der Anlasser der Firma Kühnscherf-Dresden.

In dem in Fig. 38 zur Darstellung gebrachten Anlasser, dessen konstruktive Durchbildung von Herrn Dipl.-Ing. KLEIN-Dresden herrührt, soll die Betriebssicherheit durch Wahl einer geradlinigen Einschalte- und Hemmbewegung unter Vermeidung aller Zwischenmechanismen erhöht werden.

Wie die Abbildung erkennen lässt, stellt t einen Topfmagneten dar, welcher das Solenoid s enthält. Letzteres zieht bei Stromdurchgang den geradlinig geführten Eisenkern e an, welcher fest mit einer Eisenplatte p verbunden ist, die zwei durch Mikanit isolierte Kontaktstücke a und b trägt. Diesen teilt sich die vertikale Bewegung mit, wodurch sie zur Berührung mit den nach Kontrollerart angeordneten Kontaktfingern f gelangen.

Durch diese Schaltbewegung wird der Motor eingeschaltet und angelassen, indem die Platte p zunächst die Schenkelwickelung an das Netz legt und durch a die Widerstände stufenweise kurz geschlossen werden.

Die Einschaltegeschwindigkeit lässt sich durch einen Luftzylinder l regulieren, dessen Kolben k das Ventil v enthält und der mittelst einer massiven Verbindungsstange m von dem Eisenkern e direkt angetrieben wird.

Die Weite der Öffnung g, durch welche die Luft herausgepresst wird, ist je nach der gewünschten Anlassdauer durch eine Stellschraube variierbar.

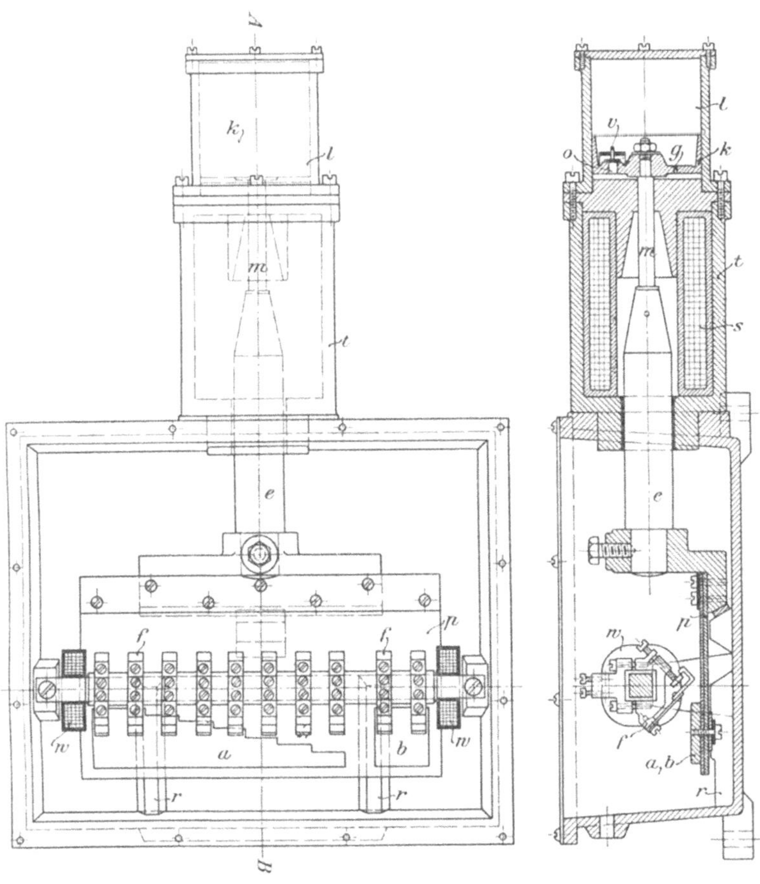

Fig. 38.

Wird der Strom der Spule s unterbrochen, so fällt durch das Eigengewicht der Eisenkern e mit samt der Platte p und dem Kolben k nach abwärts.

Da durch den Luftdruck jetzt das Ventil v von der Öffnung o abgehoben wird, kann sich das Ausschalten schnell vollziehen.

Die Luftpumpe wirkt nicht mehr in dem Mafse als Hemm-
werk, wie beim Einschalten, kann jedoch bei geringer Grösse der
Öffnung o als Puffer dienen, um den Schlag beim Herunterfallen des
Eisenkernes e abzuschwächen.

Da, wie bei Kontrollern, Metallkontakte vorhanden sind, so
ist, um ein Verbrennen derselben zu verhüten, eine elektromagnetische
Funkenlöschung vorgesehen, welche durch die beiden Blasspulen w
gebildet wird.

Letztere vom Ankerstrome durchflossen, werden, da sie gleichzeitig mit als Anlassstufe benutzt sind, mit dem Kurzschlusskontakt
ausgeschaltet.

Bemerkenswert ist noch, dass sich der ganze Anlasser vollkommen wasserdicht ausführen lässt, ein Vorteil, der bei der Montage
in feuchten Räumen nicht zu unterschätzen ist.

5. Der Anlasser der Otis Elevator Company Limited, London.

D. R.-P. Kl. 21 No. 70931.

Die Einrichtung der ganzen Aufzugsanlage, bei der speziell
der Anlasser interessiert, ist in Fig. 39 zur Darstellung gebracht.

Wird der Betriebsstrom mit Hilfe der Schaltvorrichtung S
im Fahrkorbe eingeschaltet, so wird durch den Stromschliesser m
unmittelbar nach Erregung der Feldmagnete der Anker unter Vor-
schaltung des Anlasswiderstandes an das Netz geschlossen.

Die Federn m_3 oder das Gewicht m_2 führen die Unterbrechung
des Motorstromes herbei, wenn der Schalthebel S in seiner Ausschaltestellung steht.

Das Solenoid c wirkt nach erfolgtem Stromschluss auf einen
bei d_1 gelagerten Bremshebel d derart, dass die Bremse entgegen
der Kraft einer Feder oder eines Belastungsgewichtes d_2, welche
die Bremse gegen die mit dem Anker verbundene Scheibe in der
Ruhestellung drücken, abgehoben wird.

Durch die Stellung des Bremshebels d wird die Wirkung des
selbsttätigen Schalters oder der Stromschlussbürste j behufs Wider-
standsregelung im Ankerstromkreise beeinflusst. Die Bürste j des
Anlassers schleift nämlich über die Kontakte des in den Ankerstrom-
kreis geschalteten Widerstandes k und wird von einer Feder oder
einem Gewicht nach unten gezogen, so dass der gesamte Widerstand
für gewöhnlich eingeschaltet ist.

Der Gewichtshebel l bewirkt eine Hubbewegung der Bürste j, welche jedoch durch den Magnetismus des Solenoides infolge Abstossung des polarisierten Kernes i nach unten getrieben wird.

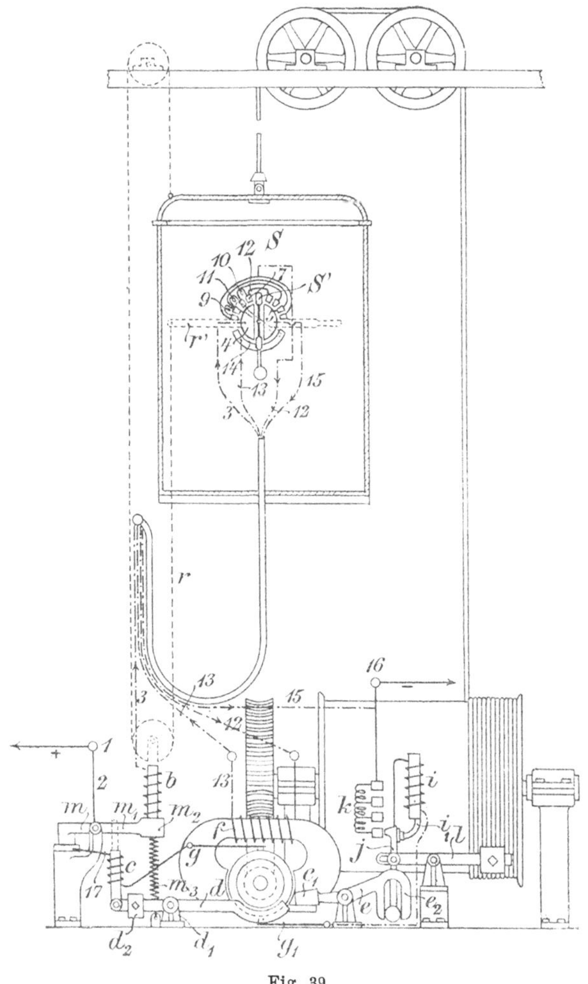

Fig. 39.

Die Bürste j wird in der Ruhestellung in der der Widerstandseinschaltung entsprechenden Lage durch einen mit dem Gegengewicht e_1 am Bremshebelende aufliegenden Hebel e gehalten, dessen gegabeltes Ende e_2 an dem Bürstenträger i eingreift.

6*

Die Wirkungsweise ist nun folgende: Sobald der Stromkreis geschlossen ist, erfolgt durch das Solenoid c die Lüftung der Bremse. Hierdurch tritt eine Kippbewegung des Hebels e derart ein, dass das gegabelte Ende e_2 desselben zur Freigabe der Bürste j emporgeht, so dass diese nunmehr unter dem Antriebe des belasteten Hebels l an den Widerstandsstufen schleifend emporrücken kann, wodurch das Ausschalten derselben bewirkt würde, wenn nicht eine Regelung durch das Solenoid i zur Mitwirkung käme.

Der Magnetismus desselben ist bei Beginn der Bewegung stark genug, um die Bürste, sowie den damit verbundenen aufwärts drückenden Hebel in der angegebenen Stellung — also die Widerstände eingeschaltet — zu halten, infolge Abstossung des Stahlkernes i.

Sobald der Motor anläuft, stellt sich eine elektromotorische Gegenkraft ein und vermindert die Stromstärke, die auch in dem Solenoid i wirksam ist, so dass dessen Magnetismus schwächer wird und der Hebel l in regelnder Gegenwirkung die Bürste j emportreibt, so dass mehr oder weniger Widerstände k ausgeschaltet werden.

Findet andererseits ein Anwachsen des Stromes über eine gewisse Grenze statt, so schaltet das Solenoid i selbsttätig wieder mehr oder weniger von dem Widerstande k ein, der mithin zur Regelung der Stromstärke dient und eine Beschädigung des Ankers verhindert.

Soll die Maschine zum Stillstand gebracht werden, so stellt man den Schaltarm S in die mittlere Ruhelage zurück und veranlasst auf diese Weise zunächst die Unterbrechung der Erregung, gleichzeitig aber auch Öffnen des Ankerstromkreises durch den Stromschliesser m.

Hierdurch wird der Hebel d, da das Solenoid c seinen Magnetismus verliert, zur Bremsung des Ankers in Tätigkeit gesetzt; ebenfalls wird infolgedessen der Hebel e mit der Gabel e_2 so bewegt, dass letztere die Bürste j in die Anfangsstellung zurückzieht und in derselben festhält, demnach der Anlasswiderstand vor den Motor gelegt wird.

6. Die Selbstanlasser der Firma Siemens & Halske A.-G.

Das Schaltungsschema einer Gleichstromanlage, die mit einem Anlasser der genannten Firma ausgerüstet ist, zeigt Fig. 40, welche die charakteristischen Merkmale zur Genüge erkennen lässt.

Ein Zentrifugalpendel *a* mit wagerecht liegender Achse ist derartig konstruiert, dass beim Auseinandergehen der Schwungkugeln die aus Kupfer bestehende Anlassertraverse *e* vorgeschoben wird, welche jedoch starke Federn, sobald die Rotation nachlässt, in die Ausschaltestellung zurückdrücken.

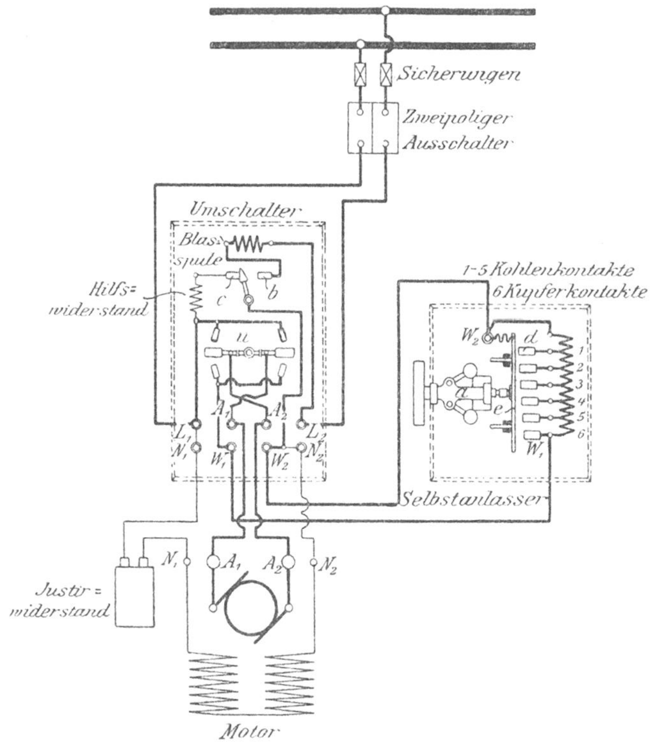

Fig. 40.

Der Zentrifugal-Apparat wird mittelst Riemen oder Zahnrad-übersetzung von der Welle des Aufzugsmotors direkt angetrieben, wobei die Übersetzung so zu wählen ist, dass der Regulator bei $90\,^0/_0$ der normalen Tourenzahl des Motors 500 Touren macht.

Bewirkt jetzt die Zentrifugalkraft der Schwungkugeln ein Vorwandern der Anlassertraverse, so wird hierbei der Widerstand allmählich stufenweise ausgeschaltet, da eine Dämpfung durch einen Glyzerinkatarakt nur eine entsprechend langsame Bewegung der Kupferschiene *e* gestattet.

Zur Verwendung gelangen federnde Kohlenkontakte von verschiedener Länge, so dass hierdurch beim Vorwandern der Anlassertraverse dieselben nach und nach zur Anlage kommen, und so die Abschaltung erfolgt.

Die Füllung der Dämpfungspumpe geschieht mit einer Mischung von Glyzerin und Wasser zu gleichen Teilen, und kann durch eine Regulierschraube die Hemmvorrichtung derartig eingestellt werden, dass der Regulator in ca. 5 Sekunden seinen grössten Ausschlag erreicht.

Fig. 41 zeigt eine Ausführungsform des beschriebenen Anlassers, auf dem die Pumpe sowie das Zentrifugalpendel deutlich erkennbar sind.

Fig. 41.

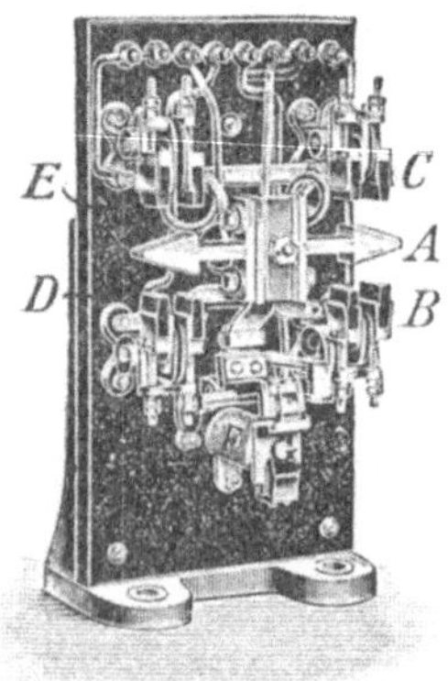

Fig. 42.

Diese Art von Anlassern bedingen ebenfalls nur eine geringe Wartung, die sich auf zeitweiliges Nachstellen der Kohlenkontakte, Schmierung der Reibflächen und eventuelle Erneuerung der Flüssigkeit in der Dämpfungsvorrichtung beschränkt.

Die Ausführung der Drehstromanlasser ist prinzipiell die gleiche wie bei dem beschriebenen, und lässt das Schaltungsschema in Fig. 43 die näheren Einzelheiten hierbei erkennen.

Ein für Gleichstromanlasser benutzter Umschalter und Stromunterbrecher ist in Fig. 42 abgebildet. Ein Metallhebel A kann bei Druckknopfsteuerung durch 2 Elektromagnete entsprechend der Auf-

oder Abfahrt so gestellt werden, dass er entweder die Kohlenkontakte bei B und E oder bei D und C überbrückt.

Durch diese Anordnung wird der Ankerstrom kommutiert, die Erregung der Feldmagnete bleibt konstant für beide Fahrtrichtungen.

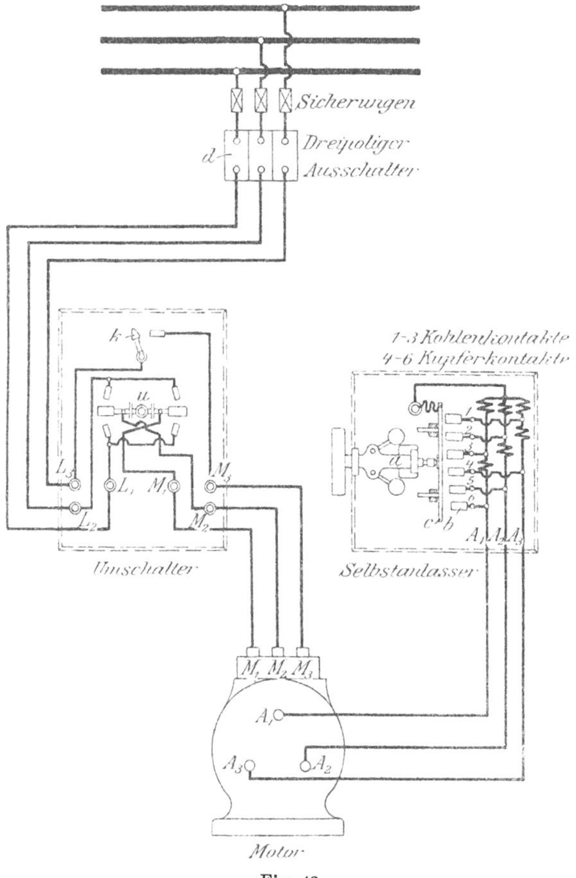

Fig. 43.

Die Stromunterbrechung erfolgt durch einen besonderen Kontakt G, welcher gleichfalls mit Kohle ausgerüstet ist und infolge einer kräftig wirkenden magnetischen Funkenlöschung F den Öffnungsfunken schnell beseitigt.

Eine analoge Einrichtung findet sich bei Benutzung von Drehstrom, doch fällt hier wegen der geringeren Intensität des

Flammenbogens, der beim Ausschalten entsteht, die Blasvorrichtung fort.

Im Interesse einfacher Bedienung erhalten alle Selbstanlasser und Umschalter dieselben Kohlenhalter, so dass für beide Apparate die Ersatzkontakte die gleichen sind.

7. Die Anlasser der Aufzugsfirma A. Stigler, Mailand.

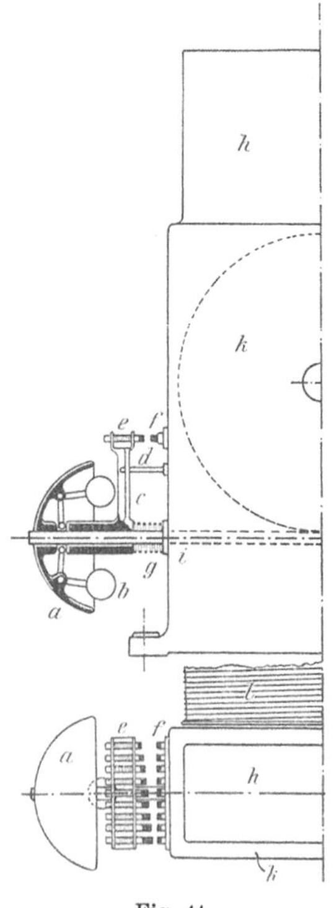

Fig. 44.

Die Ausschaltung der einzelnen Widerstandsstufen geschieht auch hier wieder mit Hilfe eines Zentrifugalregulators a (Fig. 44), der auf der verlängerten Schneckenwelle i sitzt, sich also mit dem Motoranker synchron dreht, da die Welle i mit jenem direkt gekuppelt ist.

Bei steigender Tourenzahl werden unter Einwirkung der Fliehkraft die Kugeln b sich voneinander entfernen und hierbei durch Hebelübersetzung die Anlassertraverse c mit den verschieden langen Kohlenkontakten e verschieben, bis diese mit den gegenüberliegenden f zur Berührung kommen.

Zwei Führungsstifte d verhindern die Drehung des Gleitstückes c und gestatten nur eine Bewegung parallel zur Wellenachse. Die starke Feder g, welche durch die Zentrifugalkraft der Schwungkugeln langsam zusammengedrückt wird, dient dazu, die Traverse zurückzuschieben, sobald der Motor ausgeschaltet wird.

Die Anlasswiderstände sind in einem Raume h untergebracht, welcher mit dem Schneckenkasten k ein einziges Gussstück bildet.

An der Vorderwand von h ist eine Marmortafel befestigt, auf welcher der bereits beschriebene Stromschliesser und Umschalter montiert sind (vergl. Fig. 23).

Zur besseren Orientierung ist die Seiltrommel l dargestellt, die durch ein Schneckenrad von der Welle i angetrieben wird, und auf welche sich die Seile des Fahrkorbes sowie des Gegengewichtes aufwickeln.

Nach den früheren Ausführungen ist die Wirkungsweise dieses Anlassers ohne weiteres verständlich.

8. Die rotierenden Selbstanlasser des Verfassers.

Das Typische dieser Konstruktion beruht darin, dass der Anlasswiderstand zwecks energischer Ventilation, wie es Fig. 45 erkennen lässt, längs des Umfanges einer emaillierten Eisenscheibe d untergebracht ist, welche ihrerseits auf der Motorwelle a fest aufgekeilt wurde. Da der ganze Anlasser infolgedessen an den schnellen

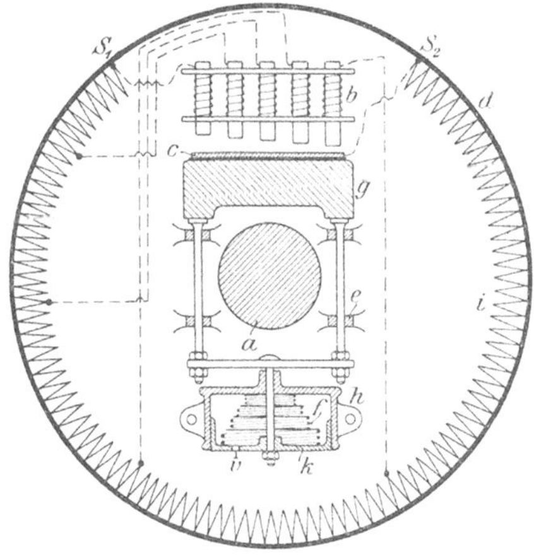

Fig. 45.

Umdrehungen des Ankers teilnehmen muss, so wird hierdurch eine vorzügliche Ventilation der Spiralen geschaffen, so dass sich dieselben unmittelbar nach Beendigung der Anlassperiode auf die Lufttemperatur abkühlen werden; eine Stromüberlastung der Drähte wird daher weniger unangenehme Folgen nach sich ziehen können, wie dort, wo das Widerstandsmaterial unbeweglich in Kästen untergebracht ist, die im Verhältnis zur erwähnten Anordnung nur eine bescheidene Luftzirkulation gestatten.

Ausserdem wird bei genannter Ausführungsform der ganze Anlasser sehr klein, und es lässt sich die Scheibe d gleichzeitig so ausbilden, dass an ihr die Backen der Bremse angreifen können, demnach also eine besondere Scheibe hierfür gespart werden kann.

Das Abschalten der einzelnen Stufen erfolgt durch Zentrifugalkraft, indem ein schweres Schwunggewicht g mit steigender Tourenzahl des Motors die isolierte Kontaktschiene c vorschiebt und mit den Kohlenkontakten b, an welchen die Widerstände liegen, nacheinander in Berührung kommt.

Die Dämpfung geschieht in bekannter Weise infolge eines Luftpuffers h, dessen Kolben k mit dem Schwungstück g durch zwei Führungsstangen starr verbunden ist.

Ist der Motor ausgeschaltet, so wird mittelst der Compoundfeder f die Traverse c zurückgezogen, wodurch die Widerstände vor den Anker gelegt werden.

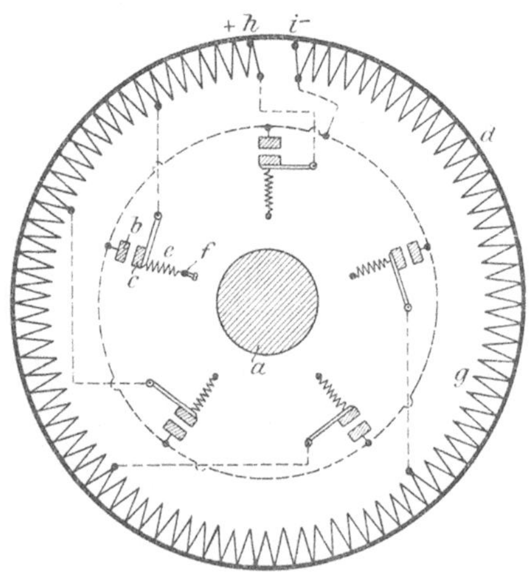

Fig. 46.

Eine andere Ausführungsform zeigt Fig. 46, bei der eine besondere Dämpfungsvorrichtung fortfällt.

Hierbei ist gleichfalls in der Scheibe d, die auf der Motorwelle a befestigt ist, der Anlasswiderstand g eingebaut.

Das Ausschalten der einzelnen Widerstandsstufen wird durch mehrere Hebel c bewirkt, welche drehbar angeordnet sind und infolge der Einwirkung der Fliehkraft nach dem Rande der Scheibe hinbewegt werden, bis sie ihre Gegenkontakte b berühren.

An diesen Hebeln c sind Federn, deren Spannung die Schraube f reguliert, angebracht, derartig, dass die ersteren sich mit steigender

Tourenzahl einer nach dem anderen an die Gegenkontakte anlegen. Hierdurch lässt sich ein sicheres allmähliches Einschalten erreichen, ohne dass eine besondere Dämpfungsvorrichtung, wie Luftpuffer, Katarakte usw., erforderlich ist.

Bei Nebenschlussmotoren muss der Ankerstrom allerdings durch Schleifringe dem Anlasser zugeführt werden; der Anschluss geschieht bei Fig. 45 in S_1 und S_2, während er bei Fig. 46 in h und i erfolgt.

Ein weiterer Vorteil dieser Konstruktion besteht darin, dass

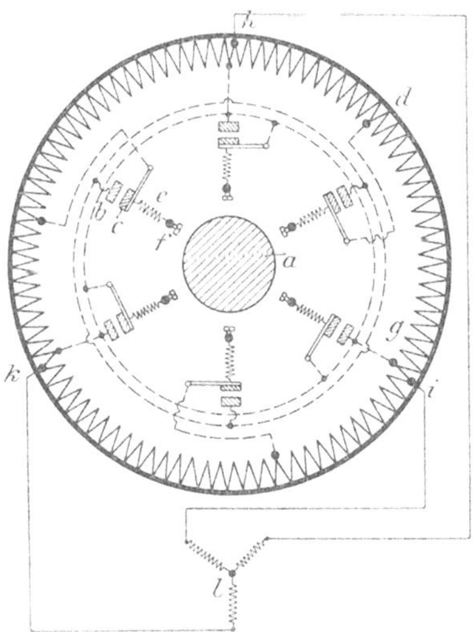

Fig. 47.

bei Drehstrommotoren überhaupt die Schleifringe in Fortfall kommen, demnach die Enden der Läuferwickelung l, wie Fig. 47 erkennen lässt, direkt an die Anlasswiderstände gelegt werden, die sich bei steigender Tourenzahl selbsttätig ausschalten.

Es werden sich daher diese rotierenden Selbstanlasser ganz besonders für Drehstromanlagen eignen, wenngleich ihrer Einführung für Gleichstrom, zumal die Herstellungskosten der zuletzt beschriebenen Ausführungsform bedeutend geringer als die der sonst bekannten Konstruktionen sind, keine prinzipiellen Schwierigkeiten entgegenstehen.

Apparat zur Aufnahme der Anlaufsstromkurve.

Von nicht zu unterschätzender Bedeutung ist es, während der Anlassperiode die einzelnen Stromstösse bei einer fertigen Aufzugsanlage registrieren zu können, um hierdurch über eventuelle Fehler eine Kontrolle auszuüben.

Bei allen derartigen Messinstrumenten wird die Art und Weise, wie die Registriervorrichtung ausgeführt ist, für die praktische Verwendbarkeit jener Apparate allein ausschlaggebend sein.

Der Firma Dr. THEODOR HORN in Leipzig gelang es, einen Stromindikator zu konstruieren, bei dem die Reibung des Schreibers auf eine unmerklich kleine Grösse sich vermindert, so dass sich der Zeiger auch bei rasch wechselnder Stromstärke scharf auf den wahren Wert derselben einstellt.

Ein kleines Näpfchen a (Fig. 48), welches die Farbe aufnimmt,

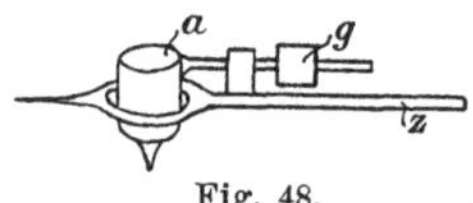

Fig. 48.

ist gleich als Schreiber konstruiert und beweglich an dem Zeiger z angebracht. Durch ein kleines verstellbares Gegengewicht g kann das Eigengewicht des Näpfchens a derartig ausbalanciert werden, dass gerade der zum Schreiben erforderliche geringste Druck sich herstellen lässt, der nötig ist, um die Reibung der austretenden Flüssigkeit auf dem Papier zu überwinden, also eine für praktische Zwecke vollkommen zu vernachlässigende Grösse.

In Gemeinschaft mit der genannten Firma wurde der bis dahin nur für langsam sich ändernde Stromstärken gebaute Schreibapparat für schnell aufeinander folgende Stromstösse umkonstruiert.

Es wurde daher das Trägheitsmoment des Zeigers, sowie der Schreibvorrichtung durch Herstellung der letzteren aus Aluminium und durch andere Massenverringerung auf das geringste erreichbare Mafs reduziert, ebenso wurde für eine verstärkte Dämpfung der Schwingungen Sorge getragen, so dass die Einstellung des Zeigers möglichst aperiodisch erfolgt.

Die Fig. 49 zeigt die Ausführung jenes registrierenden Amperemeters, welches in einem handlichen Kasten untergebracht ist und sich demnach auch für Montagezwecke recht gut eignet. Dasselbe ist nach dem bewährten Deprez d'Arsonval'schen Prinzip (A) ausgeführt. Der Zeiger z trägt die Schreibvorrichtung S, welche sich über einer rotierenden, mit entsprechender Teilung versehenen Papierscheibe P bewegt; ausserdem ist noch eine Skala K angebracht, auf der sich die jeweilige Stromstärke auch direkt ablesen lässt.

Der Antrieb erfolgt durch ein neben dem Apparat aufgestelltes Uhrwerk, dessen Laufgeschwindigkeit mittelst einer Zentrifugalbremse konstant gehalten wird.

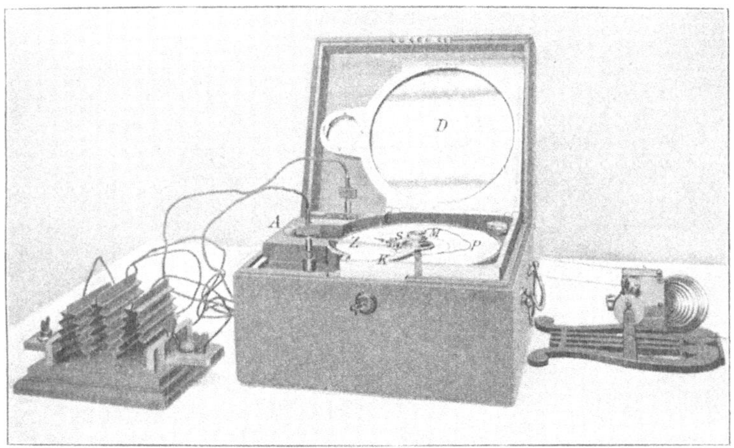

Fig. 49.

Das Auswechseln von P lässt sich in bequemer Weise durch Aufklappen des Zeigers und der Skala, sowie durch Abschrauben der Mutter M erreichen.

Die mit dem beschriebenen Apparate ausgeführten Beobachtungen zeigen die folgenden Abbildungen, von denen Fig. 50 den Stromverlauf bei einer Fahrt mit Maximallast, Fig. 51 ein Diagramm bei sogenannter „leichter Fahrt" gibt.

Wie Fig. 50 erkennen lässt, beträgt der Anlaufsstrom bei 1) des Aufzugsmotors in jenem Falle 47 Amp., während der Fahrt sinkt aber die Stromstärke auf den Betrag von 22 Amp.; das Verhältnis beider Grössen berechnet sich demnach zu 2,14, ein Betrag, der einem sehr gut eingelaufenen Fahrstuhle entspricht.

Kurzschlufs
Anlafsstufen
2 3 4 5
AMPÈRE
No 22540
0 10 20 30 40 50 60 70 80 90 100
Vorstufen
I II
Anlafsstufen
2 3 4 5
Kurzschlufs
Vorstufen
I II 1
AMPÈRE
No 22540
0 10 20 30 40 50 60 70 80 90 100

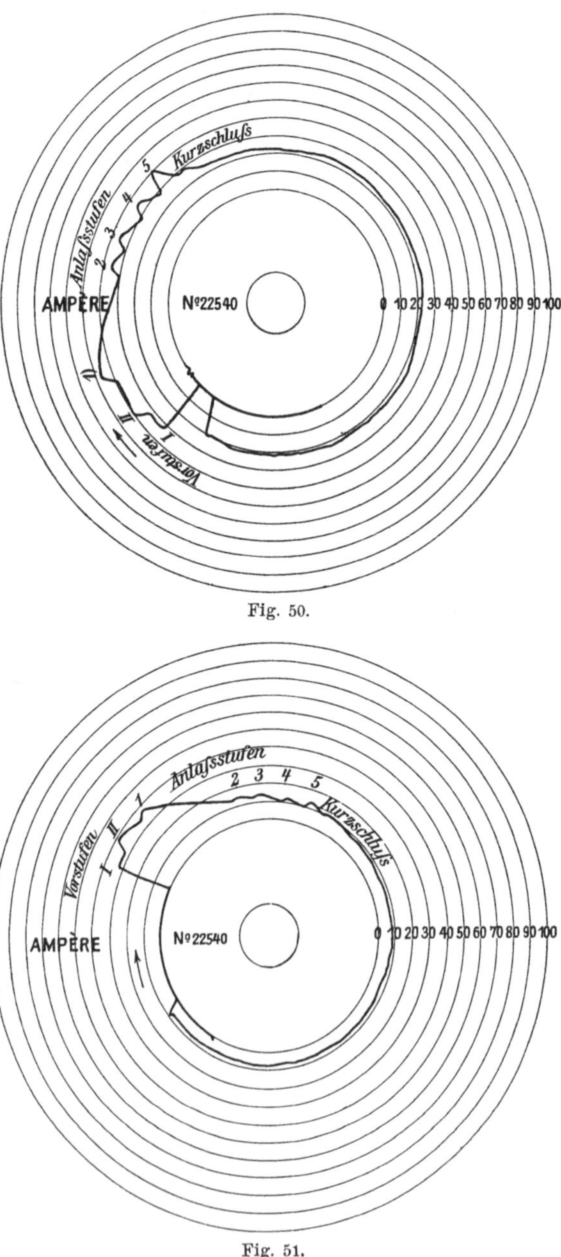

Fig. 50.

Fig. 51.

Versuche, die hohe Anlaufsstromstärke bei Aufzügen durch eine Hilfswickelung zu beseitigen.

An früherer Stelle wurde bereits hervorgehoben, dass ein neuer, noch nicht genügend eingelaufener Aufzug ca. das 2,5 fache normale Drehmoment beim Anfahren benötigt.

Hauptstrommotore besitzen bekanntlich unter gleichen Stromverhältnissen eine bedeutend grössere Zugkraft als Nebenschlussmotore, können jedoch infolge der Veränderlichkeit der Tourenzahl mit der Belastung für elektrische Druckknopfsteuerung, die wegen des exakten Einfahrens unbedingt annähernd gleiche Geschwindigkeit für Maximallast und leere Fahrt erfordert, nicht zur Verwendung gelangen.

Es wurden daher in neuester Zeit Versuche angestellt, den Nebenschlussmotor mit einer Hilfshauptstromwickelung zu versehen, so dass er hierdurch ein erheblich höheres Anzugsmoment entwickeln, demnach also der Anlaufsstrom bedeutend kleiner werden kann; gerade derartige Motore bieten speziell beim Aufzugsbetriebe ausserordentliche Vorzüge, da hier die Periode des Anlaufens einen erheblichen Teil der ganzen Betriebszeit ausmacht.

Infolge der Verwendung einer Compound-Anlasswickelung kann die Stromstärke ganz wesentlich gegenüber derjenigen eines Nebenschlussmotors heruntergedrückt werden, so dass statt des 2,5 fachen normalen Stromes der Anlaufsstrom nur das 1,3 fache beträgt.

Auf diese Weise findet eine bedeutende Stromersparnis statt, und trägt die ganze Anordnung wesentlich dazu bei, die Wirtschaftlichkeit der Aufzugsanlage zu erhöhen.

Von diesem Vorzuge ganz abgesehen, der bei den immer höher geschraubten Garantiebedingungen bezüglich des Energieverbrauches bei Fahrstühlen sehr ins Gewicht fällt, verdient noch besonders hervorgehoben zu werden, dass mit Hilfe der Compound-Anlasswickelung der Motor bedeutend sanfter anläuft; überdies kann auch die Anlaufsperiode wesentlich abgekürzt werden.

Demnach arbeitet der Motor, was speziell bei geringer Entfernung der Haltestellen für ein gutes Einfahren Erfordernis ist, längere Zeit mit voller Tourenzahl, d. h. mit voller Fördergeschwindigkeit, gleichzeitig auch mit höchstem Wirkungsgrade.

Ausserdem ist die Funkenbildung an allen Kontakten bei dieser Ausführung infolge der kleineren Stromstärken auch bedeutend geringer, wodurch die Apparate mehr geschont und ein höherer Grad von Betriebssicherheit erreicht wird.

Schliesslich verdient noch besonders hervorgehoben zu werden, dass überall dort eine Hilfsanlasswickelung von grossem Vorteil ist, wo mehrere Aufzüge von einer kleineren Zentrale gespeist werden. Infolge des sonst üblichen hohen Anlaufsstromes können grosse Schwankungen in der Lichtintensität der angeschlossenen Lampen entstehen, und, wenn zufällig mehrere Aufzüge zur selben Zeit eingeschaltet sind, ist immerhin die Gefahr naheliegend, dass Betriebsstörungen, wie Reissen der Riemen, Durchschmelzen der Sicherungen etc., auftreten.

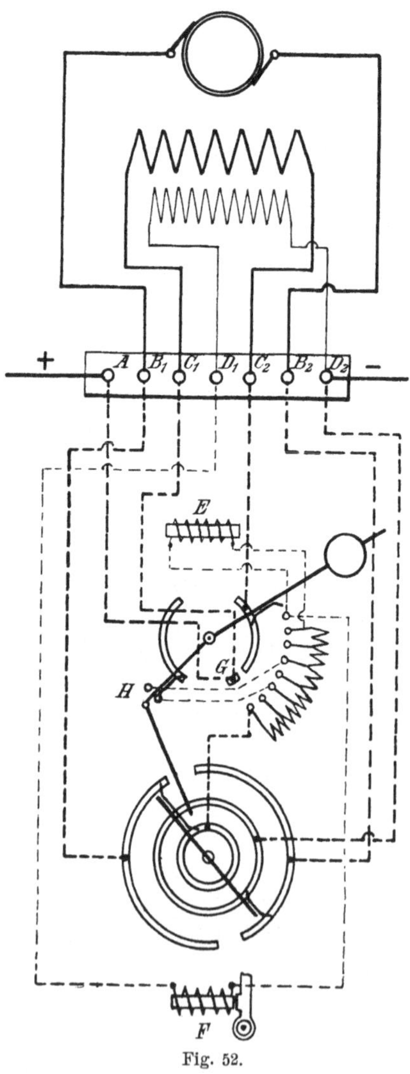

Fig. 52.

In der nebenstehenden Fig. 52 ist der Stromverlauf für eine Anlasserschaltung mit Hilfshauptstromwickelung zur Darstellung gebracht, welche von der Helios E. A.-G. herstammt.

Die konstruktive Ausführung des Anlassers selbst ist aus den Fig. 53 u. 54 zu ersehen, welche denselben im ausgeschalteten und eingeschalteten Zustande zeigen.

Hierbei ist die Hauptstromwickelung nur in der Periode des Anfahrens angeschlossen und wird mit Beendigung der Anlassperiode selbsttätig ausgeschaltet, sobald der Hebel auf Kontakt G (Fig. 52) gelangt, so dass der Motor als reiner Nebenschlussmotor weiterläuft.

Fig. 53.

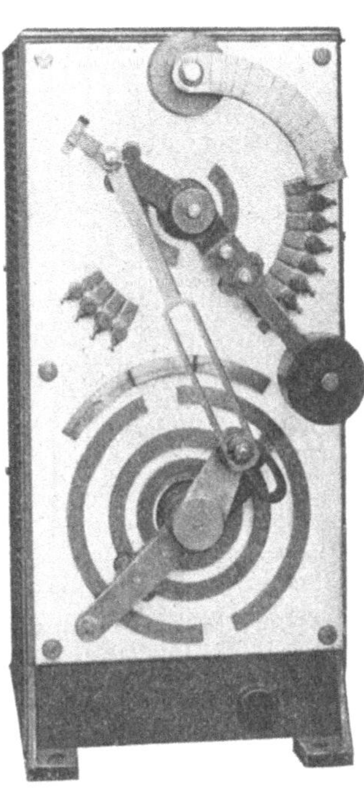

Fig. 54.

Die Drehrichtung wird durch Kommutierung des Ankerstromes erreicht; eine elektrische Kurzschlussbremsung ist gleichfalls vorgesehen und tritt in Tätigkeit, wenn bei Aufwärtsbewegung der Schalthebel über die Kontakte H schleift.

F ist eine elektromagnetische Arretiervorrichtung, welche verhindert, dass die Steuerwelle beim Ausschalten über die Mittelstellung gedreht werden kann, solange sich der Aufzug noch in Bewegung befindet.

Um den Öffnungsfunken möglichst schnell zu beseitigen, ist eine magnetische Funkenlöschung vorgesehen, welche durch E prinzipiell zur Darstellung kommt.

Diese Anlasskonstruktion ist speziell für mechanische Steuerung eingerichtet; bei Druckknopfsteuerung ist demnach die Steuerwelle mittelst eines Hilfsmotors nach beiden Drehrichtungen anzutreiben.

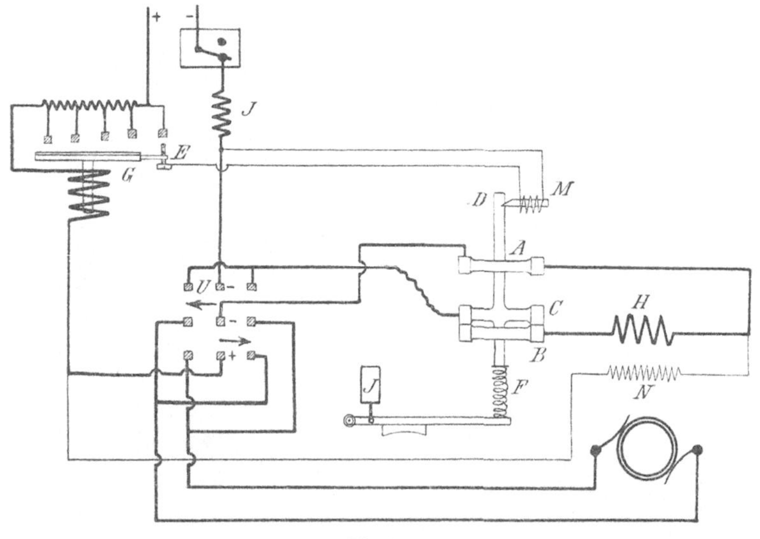

Fig. 55.

Eine andere Vorrichtung, die Hilfs-Hauptstromwickelung während der Fahrt des Motors selbsttätig auszuschalten, rührt in ihrer konstruktiven Durchbildung vom Verfasser her und wird zur Zeit von der Firma Carl Flohr in Berlin ausgeführt.[1])

Der Motor läuft auch hier in Compoundschaltung mit erhöhtem Drehmoment an, und es geschieht die Umschaltung in einen Nebenschlussmotor nach beliebig regulierbarer Zeit, je nach der Dauer der Anlassperiode.

Der hierzu erforderliche Apparat ist nebst Schaltungsschema in Fig. 55 dargestellt.

---

[1]) D. R.-P.

Derselbe besteht im wesentlichen aus zwei übereinanderliegenden Kohlenpaaren A und B, welche starr miteinander verbunden sind, während zwischen ihnen eine gleichfalls Kohlenkontakte tragende Traverse C derartig beweglich angebracht ist, dass sie je nachdem mit A oder B in Berührung kommen kann.

Im ausgeschalteten Zustande wird sie infolge ihres Gewichtes sich auf die unteren Kohlen B legen.

Wird der Motor angelassen, so lüftet der Bremsmagnet J gleichzeitig die Bremse, deren Hebel so konstruiert ist, dass hierdurch in dem sogenannten „Compoundschalter" eine Feder F gespannt wird.

Infolge hiervon bekommt die Traverse C einen Bewegungsantrieb nach oben, wird jedoch durch eine Sperrklinke D an der Aufwärtsbewegung vorläufig verhindert.

Übrigens lässt sich dieser Federdruck auch durch die Zugkraft eines Elektromagneten ersetzen, dessen Windungen vom Ankerstrome durchflossen werden; im allgemeinen ist aber der Einfachheit wegen eine Benutzung der Feder F vorzuziehen.

Die Kohlenkontakte sind nun derartig verbunden, dass die bewegliche Traverse C, sobald der Umschalthebel U durch die Steuerungsmagnete angezogen wird, erstere an das Netz legt und, da C mit den unteren Kontakten B zunächst in Verbindung steht, die Hauptstromwickelung H einschaltet, während die Nebenschlusswickelung N in bekannter Weise vom Umschalter U aus angeschlossen resp. abgeschaltet wird, so dass sie während der Fahrt dauernd unter Strom bleibt.

Die Änderung der Drehrichtung des Motors geschieht durch Kommutierung des Ankerstromes.

Soll nun nach gewisser Zeit der augenblickliche Compoundmotor als Nebenschlussmotor weiterlaufen, so wird mittelst einer verstellbaren Kontaktschraube E, welche zwangsläufig sich mit der die Widerstandsstufen abschaltenden Anlassertraverse G bewegt, ein neuer Stromkreis geschlossen.

Hierdurch wird ein Elektromagnet M erregt, der die Sperrvorrichtung B zurückzieht, so dass die unter Federdruck stehende Traverse C nach oben schnellen kann.

Die Kohlenkontakte A und B sind derartig federnd angeordnet, dass, während C sich aufwärts bewegt, die Kohlen B noch eine gewisse Strecke nachfedern können, so dass vorübergehend die Traverse C die Kontakte bei A und B gleichzeitig berührt.

In dieser Stellung wird zu der Compoundwickelung die Zuleitung vom Apparat zum Umschalter parallel geschaltet, wobei der Magnetisierungsstrom in der Wickelung H sich teilt, die Feldstärke derselben verringert und demnach die Tourenzahl des Motors gesteigert wird.

Setzt die Traverse C ihre Bewegung weiter fort, so hält

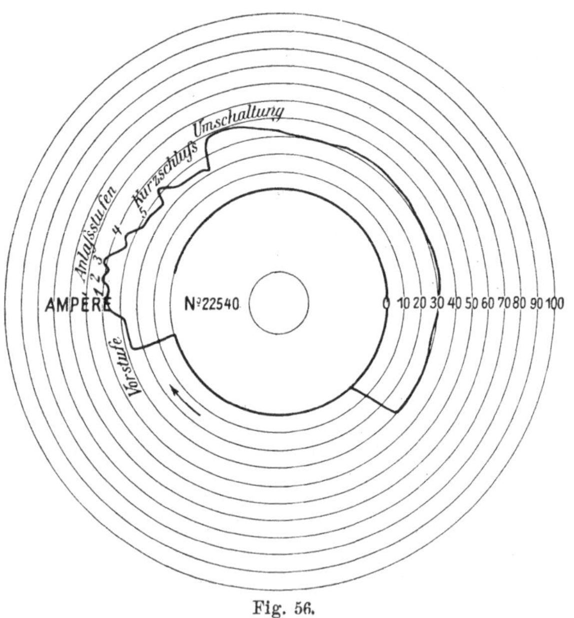

Fig. 56.

ein Anschlag die Kohlen B fest, so dass die Verbindung zwischen B und C getrennt und die Hauptstromwickelung vom Netz sich selbsttätig abschaltet.

Hierdurch läuft die Maschine als reiner Nebenschlussmotor mit dessen charakteristischen Eigenschaften weiter.

Ist der Fahrkorb an der gewünschten Haltestelle angelangt, so wird der Motorstrom unterbrochen; gleichzeitig fällt auch die Bremse ein, so dass die Feder F wieder entspannt wird und die Traverse C infolge ihres Gewichtes in die Anfangsstellung zurücksinkt. Hierdurch wird die Verbindung zwischen B und C wieder hergestellt, nachdem die Sperrung D automatisch die Aufwärtsbewegung verriegelt hat, so dass das Spiel von neuem beginnen kann.

Die nebenstehende Fig. 56 zeigt das mit dem beschriebenen Registierapparat aufgenommene Strom-Diagramm eines Personenaufzuges mit Nebenschlussmotor und Hilfsanlasswickelung.

Der Motor läuft demnach bei einem Strom[1]) von 41 Amp. an, der bei voller Tourenzahl auf 31 Amp. herabsinkt.

Das Verhältnis zwischen Anlaufs- und normaler Betriebsstromstärke beträgt demnach $\frac{41}{31} = \sim 1,3$, gegen 2,5 bei dem gewöhnlichen Nebenschlussmotor.[2])

Der zweite Stromstoss, welcher erfolgt, wenn der Compoundmotor zum Nebenschlussmotor umgeschaltet wird und hierdurch Tourenerhöhung erfolgt, ist recht deutlich zu erkennen. Die Dauer der Anlassperiode betrug 4 Sekunden.

Die erwähnte Erhöhung der Tourenzahl, welche eintritt, wenn C gleichzeitig B und A berührt, Fig. 53 lässt sich durch mehrere Kontakte, die mit verschiedenen Abteilungen der Hauptstromwickelung sinngemäss verbunden sind, mit Hilfe von Luftpuffer und demgemäss regulierbarer allmählicher Ausschaltung nach Belieben stufenweise vornehmen.

In den meisten Fällen genügt die beschriebene Ausführung vollkommen; bei einem mit 7 PS. ausgenutzten Motor waren infolge der durch die Umschaltung hervorgerufenen Erhöhung der Tourenzahl von 900 auf 1100 nicht die geringsten unangenehmen Stösse im Fahrkorb zu bemerken.

Die allmähliche Abstufung in der Ausschaltung der Hauptstromspule wird sich demnach nur bei sehr rasch laufenden Personenaufzügen empfehlen, die aber zur Zeit wegen den baupolizeilichen Verordnungen bei uns in Deutschland noch nicht ausgeführt werden.

---

[1]) Wie das Diagramm erkennen lässt, setzt sich der Motor auf Anlassstufe 2 mit 41 Amp. in Bewegung; es zeigt sich dies durch Sinken der Stromstärke zwischen Stufe 2 und 3.

[2]) Versuche ergaben, dass der erwähnte Aufzug zum Anfahren das 2,5 fache normale Drehmoment erfordert.

Überhaupt werden jene Anlassschaltungen speziell bei hoher Betriebsstromstärke, gleichbedeutend mit einer hohen Fördergeschwindigkeit, ganz besondere Vorteile bieten, Vorteile, die in hohem Maſse hervortreten werden, wenn die elektrische Druckknopfsteuerung auch in der Montan-Industrie Eingang gefunden hat, wenn die gewaltigen Fördermaschinen dem Fingerdrucke des Bergmanns gehorchend die Schätze der Tiefe führerlos an das Sonnenlicht fördern, allein durch jene geheimnisvolle Kraft, Elektrizität, bewegt und gesteuert.